职业教育新形态一体化教材

网页设计与制作

主　编　李　巧
副主编　陈　静

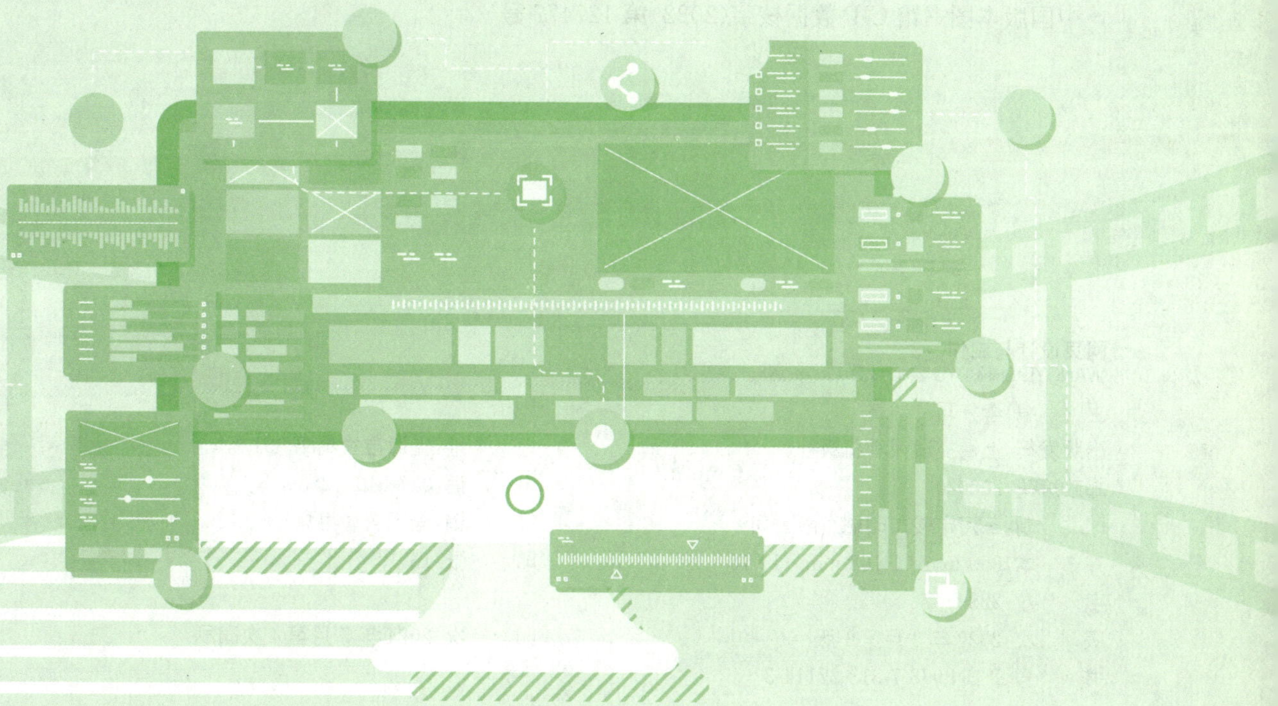

内容提要

本书共分为9个模块,系统地介绍了网页设计与制作的相关内容,包括网页设计与制作基础、网页版面布局和色彩搭配、Dreamweaver 2021、HTML5语言、JavaScript脚本语言、使用表单、绘制图形、CSS3基础、CSS3高级应用。

本书内容全面,结构合理,注重实践能力的培养,适合作为职业教育网页设计与制作课程的教材,也可作为对网页设计与制作感兴趣的读者的参考书。

图书在版编目(CIP)数据

网页设计与制作 / 李巧主编. -- 上海 : 上海交通大学出版社,2022.8(2024.7重印)

ISBN 978-7-313-27114-3

Ⅰ. ①网… Ⅱ. ①李… Ⅲ. ①网页制作工具—中等专业学校—教材 Ⅳ. ①TP393.092

中国版本图书馆CIP数据核字(2022)第127477号

网页设计与制作
WANGYE SHEJI YU ZHIZUO

主　　编:李　巧
出版发行:上海交通大学出版社　　地　　址:上海市番禺路951号
邮政编码:200030　　电　　话:021-64071208
印　　制:三河市骏杰印刷有限公司　　经　　销:全国新华书店
开　　本:850 mm×1 168 mm　1/16　　印　　张:13
字　　数:228千字
版　　次:2022年8月第1版　　印　　次:2024年7月第4次印刷
书　　号:ISBN 978-7-313-27114-3
定　　价:39.00元

Preface 前言

党的二十大报告指出，教育、科技、人才是全面建设社会主义现代化国家的基础性、战略性支撑。党的二十大报告明确了人才强国战略在新时代的科学内涵和使命任务，对加快世界重要人才中心和创新高地建设作出了科学擘画。

互联网技术的迅速发展使得网页设计和网站建设的需求量越来越大。越来越多的企业、组织和个人都要通过建立网站、制作网页来发布信息，进行宣传。同时，人们对于网站的美观程度及操作性、交互性、安全性也有了越来越高的要求，这也就意味着人们对网页设计人员的水平提出了更高的要求。

本书针对职业院校学生的学习特点，采用模块式教学，把学生学习网页设计与制作的过程分成一个个模块，力求有序分步地突破每个重点和难点知识。本书主要包括 9 个模块，建议学时数为 48，具体安排如下表所示：

序　　号	模块内容	学　　时
模块 1	网页设计与制作基础	2
模块 2	网页版面布局和色彩搭配	2
模块 3	Dreamweaver 2021	4
模块 4	HTML5 语言	10
模块 5	JavaScript 脚本语言	8
模块 6	使用表单	6
模块 7	绘制图形	4
模块 8	CSS3 基础	6
模块 9	CSS3 高级应用	6
合计		48

本书特点如下：

(1)结构合理。本书依据从基本技能到核心技能，再到综合技能的能力培养过程组织内容，由浅入深，循序渐进。

(2)立德树人。本书注重强化思政教育,突出培育学生践行社会主义核心价值观,增强文化自信,培养爱国精神和工匠精神。

(3)强化练习。本书安排了精选的习题内容,可供学生随学随练,以便更好地掌握网页设计与制作技能。

本书由李巧担任主编,由陈静担任副主编。

由于编者水平有限,书中难免存在不足之处,敬请各位读者批评指正。

编　者

Contents 目 录

模块8 CSS3 基础 151

模块9 CSS3 高级应用 175

模块1 网页设计与制作基础

随着 Internet 的飞速发展，网络存在于人们生活、工作和学习的方方面面，网站已成为人们获取信息、企业展示自身形象的一个通用平台，网页作为承载传递信息的载体，其设计与制作技术的发展越来越多地被人们关注。本模块将介绍网站、网页、网站建设以及 HTML 语言的基础知识。

学习目标

- 了解网站和网页的基本概念。
- 了解网站开发的技术与网页制作软件。
- 熟悉网站建设的基本流程。
- 了解网站设计的相关语言。

1.1 认识网站

网站（website）是网页设计的基础，本节将详细讲解网站的定义、IP 地址与域名以及 URL 的概念。

1.1.1 网站的定义

网站是指在互联网上根据一定的规则制作的用于展示特定内容的相关网页的集合。简单地说，网站是一种通信工具，人们可以通过网站来发布想要公开的资讯，或者利用网站来提供相关的网络服务，用户可以通过网页浏览器来访问网站，获取自己需要的资讯或者享受网络服务。例如，许多公司拥有自己的网站，利用网站进行产品资讯发布、招聘等；很多人通过制作个人主页来展现自我、彰显个性；也有以提供网络资讯为赢利手段的公司，通过网站提供给人们生活各方面的资讯，如时事新闻、旅游、娱乐、经济等。

一个功能多样的网站是由多个网页组成的。用户想要浏览网页,其计算机中必须安装浏览器,浏览器的作用就是将网页打开并呈现给用户。常见的浏览器包括 Chrome、Firefox、Mircrosoft Edge 以及 360 安全浏览器等,图 1-1-1 所示为使用 Chrome 浏览器显示的网页。

图文

网站的概念

图 1-1-1 Chrome 浏览器显示的网页

网站通常是存放在一个固定的主机上的,这台主机称为网页服务器或 Web 服务器,它以虚拟主机或主机托管的方式进行存放和运作。为了能使用户访问网站,这台服务器通常拥有固定的网址或域名。

1.1.2 IP 地址与域名

为了可以在 Internet 上正确地将信息传送到目的地,每台主机都必须有一个唯一的网络地址,才不至于在传输数据时出现混乱。

1. IP 地址

在 Internet 中,每台连接到网络上的主机的唯一的网络地址就是 IP 地址。IP 地址是一个点分十进制的结构,即将 32 位的二进制数利用点(.)分成 4 个部分,然后将每个部分转换成一个十进制数,如 210.45.23.101。

IP 地址是由互联网名称与数字地址分配机构 ICANN(the Internet Corporation for

Assigned Names and Numbers)进行分配的。用户必须向 ICANN 申请 IP 地址,并在获取批准后使用。凡是可以使用 Internet 域名的地方都可以使用 IP 地址。

2. 域名

在 Internet 上使用主机的 IP 地址来定位和标识主机,为了方便记忆,IP 地址采用了 4 段点分十进制的数字表示,但是要记住这些枯燥的数字还是非常烦琐的。为了解决这个问题,提出了网络域名的概念。简单地说,域名就相当于每台服务器或主机的别名,Internet 域名是 Internet 上的一个服务器或一个网络系统的名字。域名是唯一的。

按照 Internet 的组织模式,对域名进行分级,一级域名主要包括. com(商业组织)、. net(网管部门)、. edu(教育机构)、. gov(政府机关)、. mil(军事机构)、. org(非营利性组织)等。大部分国家和地区拥有自己的独立域名,如. cn(中国内地)、. us(美国)、. hk(中国香港)等。

1.1.3 URL

图文

Web 标准介绍

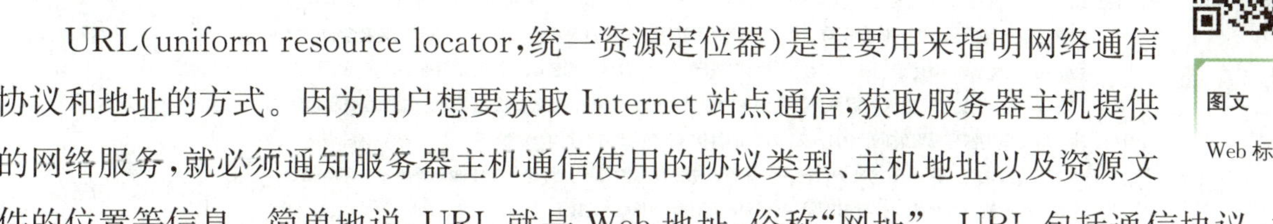

URL(uniform resource locator,统一资源定位器)是主要用来指明网络通信协议和地址的方式。因为用户想要获取 Internet 站点通信,获取服务器主机提供的网络服务,就必须通知服务器主机通信使用的协议类型、主机地址以及资源文件的位置等信息。简单地说,URL 就是 Web 地址,俗称“网址”。URL 包括通信协议、主机名、要访问的资源文件的路径和资源文件名等几部分。

注意:

Internet 上的每一个网页都具有一个唯一的名称标识,通常称之为 URL 地址,这种地址可以是本地磁盘,也可以是局域网上的某一台计算机,更多的是 Internet 上的站点。

1.2 认识网页

网站的内容是通过其中的网页来展现的。网页是网站中最基本的文档,也是 Web 站点中最重要的组成部分。

1.2.1 网页的定义

网页是一个文本文档,其扩展名通常是. htm 或. html,通过超链接、表格、AP Div、框架等技术将文本、图像、动画、音频和视频等媒体嵌入其中,利用浏览器将内容展现给用户。

网页通常存放在网站指定的主页目录中,网站通常搭建在网络上的一台服务器上,用户通过 URL 来定位并访问指定的网页。当用户在浏览器上输入 URL 后,浏览器根据输入的 URL,将网页文件传送到用户的计算机中,然后通过浏览器解释网页的内容,并展示给用户。

网页常见的构成元素有文本、图像、动画、音频和视频。

1. 文本

文本是网页的基本元素之一,是网页信息的主要载体。文字、字母、数字和符号等都可以称为文本,它是网页中表述信息最完备的元素,网页中的绝大多数内容都是通过文本来传递的,如图 1-2-1 所示。

图 1-2-1　网页中的文字

2. 图像

图像是网页中的重要元素,它影响着页面的风格和创意。一个设计良好的站点离不开图像的使用。在某个站点中,所有网页里使用的图像的风格应该是统一的。因此在设计和制作网页之前需要统一确定好所使用图像的风格和颜色。网页中的图像可以传递文本无法呈现的特定信息,因此通常在网页中大量使用图像来表达文字内容。图像既可以作为背景图片来使用,也可以作为说明事物的照片来使用,网页设计人员可以根据需要合理安排,如图 1-2-2 所示。网页中常见的图像格式有 GIF、JPG、JPEG、PNG 等。

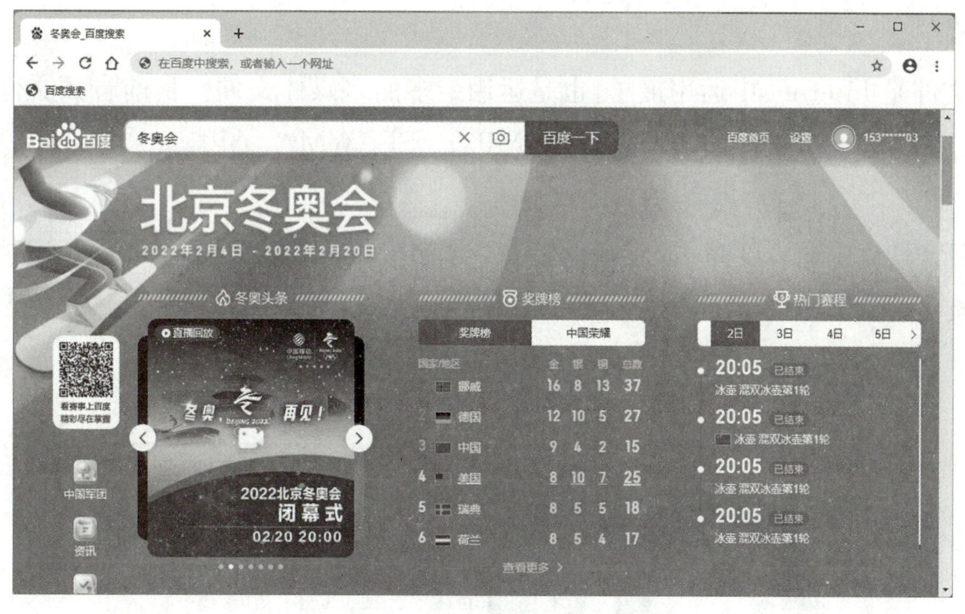

图 1-2-2　网页中的图像

3. 动画

动画是网页的一个重要成分，在网页中使用动画可以使页面效果更加活泼生动，引人入胜。常用的动画类型有 GIF 动画、Flash 动画等，也可以使用编程的方法制作动画。目前网络上广泛使用的动画是 Flash 动画，并且逐渐成为网页内嵌动画的主流，如图 1-2-3 所示。在网页中内嵌 Flash 动画，可以表达很多静态组件无法描述的内容，如产品展示等。

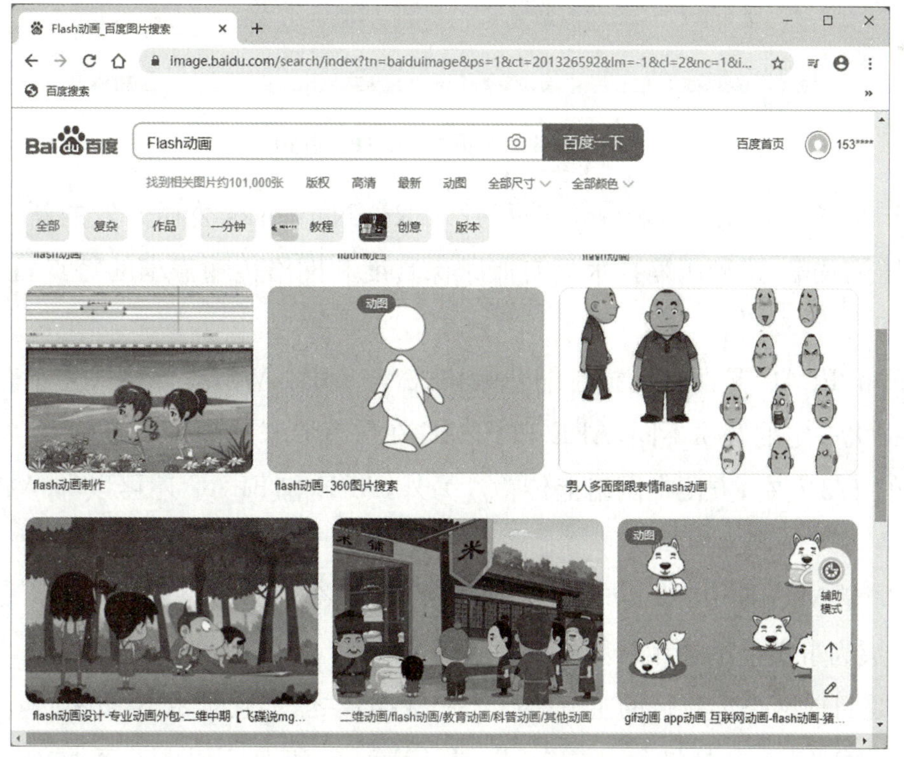

图 1-2-3　网页中的 Flash 动画

4. 音频

音频文件是 Internet 中运用最早，也是运用最多的多媒体文件。目前音频文件在网络上被广泛地运用，类型多种多样，主要有 MP3、ASF、WMA、APE、FLAC、WAV、RM 和 OGG 等。

(1)MP3 具有压缩程度高、音质好的特点，当 MP3 的压缩率达到 160 KB/s 时就非常接近 CD 音质了，因此，MP3 已成为最流行的一种音频格式，如图 1-2-4 所示。

图 1-2-4　网页中的 MP3 音频

(2)ASF 和 WMA 都是 Microsoft 公司针对 RealNetworks 公司开发的新一代网络流行的数字音频压缩技术，这种压缩技术具有兼顾保真度和网络传输需求的特点，正在被越来越多的人认可和支持。

(3)APE 和 FLAC 是两种无损压缩音频格式，与 MP3、WMA 等格式为了获取较小音频文件而允许损失一定的音质不同，APE 和 FLAC 在保有原来的高音质基础上，将 WAV 文件压缩到原来的 1/2 左右，方便在网络上传输。另外，APE 和 FLAC 还可以和 WAV 音频文件进行无损转换。

(4)WAV 是 Microsoft Windows 系统提供的音频格式，这种格式可以和 CD 进行无损转换，并且已经成为事实上的通用音频格式。

(5)RM 是目前网络上流行的主流多媒体文件格式之一，它是由 RealNetworks 公司制定的音频视频压缩规范，主要包含 RealAudio、RealVideo 和 RealFlash，该类文件具有压缩比高、文件小、音频和视频能同时保持较好的质量等特点。由于使用流式(streaming)播放媒体

技术，RM 文件只有使用 RealNetworks 公司开发的 RealMedia 引擎播放器（如 RealPlayer 等）才能正常播放，但它支持在网上实时收听音频及收看视频。

（6）OGG 是一种新的音频压缩格式，类似于 MP3 等现有的音乐格式，同时具备完全免费开放、没有专利限制和支持多声道等特点。

5. 视频

现代多媒体网页的一个重要特点就是在网页上添加视频，视频的加入可以大大增加站点的可读性，如图 1-2-5 所示。

图 1-2-5 网页中的视频

能够运行在网站上的视频文件类型正日益增多，主要有 AVI、MPEG、DivX、RealVideo、QuickTime、ASF 以及 WMV 等。

（1）AVI（扩展名为.avi）音频视频交错格式，即视频和音频交织在一起进行同步播放。这种视频格式的优点是图像质量好，可以跨多个平台使用；其缺点是体积过于庞大，而且压缩标准不统一。AVI 是目前视频文件的主流格式。

（2）MPEG（扩展名为.mpeg、.mpg 或.dat）动态图像专家组，是运动图像压缩算法的国际标准。它采用有损压缩的方法减少运动图像中的冗余信息，同时保证了动态图像应有的每秒 30 帧的刷新率。MPEG 已被几乎所有的计算机平台共同支持。

(3)DivX 是由 MPEG-4 衍生出的一种视频编码压缩标准，它采用了 MPEG-4 的压缩算法，同时综合了 MPEG-4 与 MP3 各方面的技术。通俗地说，就是使用 DivX 压缩技术对 DVD 盘片的视频图像进行高质量压缩，同时用 MP3 或 AC3 对音频进行压缩，然后将视频与音频合成并加上相应的外挂字幕文件而形成的视频格式。

(4)RealVideo(扩展名为. ra、. rm 或. rmvb)文件是由 RealNetworks 公司开发的一种新型流式视频文件格式，它包含在 RealNetworks 公司所制定的音频、视频压缩规范 RealMedia 中，主要用来在低速率的广域网上实时传输视频影像活动，可以根据网络数据传输速率的不同而采用不同的压缩比率，从而实现影像数据的实时传送和实时播放。

(5)QuickTime(扩展名为. mov 或. qt)是 Apple 计算机公司开发的一种音频、视频文件格式，用于保存音频和视频信息。QuickTime 因具有跨平台、存储空间要求小等技术特点，得到业界的广泛认可，目前已成为数字媒体软件技术领域事实上的工业标准。

(6)ASF(扩展名为. asf)高级流格式，是 Microsoft 公司开发的一个在 Internet 上实时传播多媒体的技术标准。ASF 具有本地或网络回放、可扩充的媒体类型、部件下载、可伸缩的媒体类型、流的优先级化、多语言支持、环境独立性、丰富的流间关系以及扩展性等特点。

(7)WMV(扩展名为. wmv)是 ASF 格式的升级和延伸。在同等视频质量下，WMV 格式的体积非常小，因此很适合在网上播放和传输。

1.2.2 网页类型

根据网页执行的方式不同可以将网页分为两种类型，即静态网页和动态网页。

1. 静态网页

静态网页是相对于动态网页而言的，指没有后台数据库、不含程序和不可交互的网页。网页中仅包含 HTML(hypertext markup language，超文本标记语言)代码，而且页面内容完全包含在网页的代码中并由浏览器解释执行。静态网页可以是以. htm、. html、. shtml 等为后缀的文本文件，其特点如下：

(1)每个静态网页都有一个固定的 URL，且网页 URL 以. htm、. html、. shtml 等常见形式为后缀，不含有“?”。

(2)网页内容一经发布到网站服务器上，无论是否有用户访问，每个静态网页的内容都是保存在网站服务器上的，也就是说，静态网页是实际保存在服务器上的文件，每个网页都是一个独立的文件。

(3)静态网页的内容相对稳定，因此容易被搜索引擎检索。

(4)静态网页没有数据库的支持,在网站制作和维护方面工作量较大,因此当网站信息量很大时完全依靠静态网页制作方式比较困难。

(5)静态网页的交互性较差,在功能方面有较大的局限性。

2. 动态网页

网页文件中包含一定的程序和组件,并且这些程序和组件必须在服务器端运行,这样的网页就是动态网页。动态网页能够随不同客户、不同时间返回不同的网页。因此,动态网页的页面内容并不是完全包含在页面文件中,而是采用ASP(active server pages,活动服务器页面)、ASP. NET、PHP(page hypertext preprocessor,超文本预处理器)或JSP(Java server pages,Java服务器页面)技术,从服务器的数据库中提取数据后,自动生成HTML文档的。动态网页的特点如下:

(1)动态网页以数据库技术为基础,可以大大降低网站维护的工作量。

(2)采用动态网页技术的网站可以实现更多的功能,如用户注册、用户登录、在线调查、用户管理、订单管理等。

(3)动态网页实际上并不是独立存在于服务器上的网页文件,只有当用户请求时服务器才返回一个完整的网页。

(4)动态网页中的"?"在搜索引擎检索时存在一定的问题,搜索引擎一般不能从一个网站的数据库中访问全部网页,或者出于技术方面的考虑,搜索引擎不会去抓取网址中"?"后面的内容,因此,采用动态网页的网站在进行搜索引擎推广时需要做一定的技术处理才能适应搜索引擎的要求。

注意:

建立网站时采用动态网页还是静态网页,主要取决于网站的功能需求和网站内容的多少。如果网站功能比较简单,内容更新量不是很大,采用纯静态网页的方式会更简单,反之则一般采用动态网页技术来实现。

1.3 网站开发技术和网页制作软件

图文

"所见即所得"型网页制作工具

1.3.1 网站开发技术

WWW服务器上相互链接的一系列网页组成一个网站,通常把网站称作WWW站点或Web站点。从广义上说,网站由硬件与软件两大部分组成,硬件

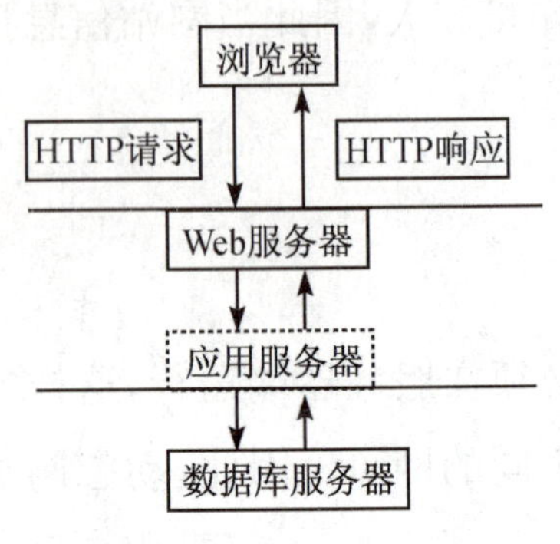

图 1-3-1 网站的体系结构

主要是指服务器(计算机),软件则指操作系统、Web 服务器软件和应用程序(包括静态和动态网页文件以及数据库)等。从狭义上说,网站则是指基于 Web 服务器的应用程序。网站的体系结构如图 1-3-1 所示。

1. 网站的工作流程

客户端通过浏览器来显示数据并实现与服务器的交互。在服务器端由 Web 服务器通过 HTTP 协议与客户端的浏览器交互,Web 服务器和应用服务器(这里的应用服务器通常是指某种软件环境,如图 1-3-1 中用虚线框表示的部分)也使用 HTTP 作为它们之间的通信协议。而应用服务器与数据库服务器之间采用标准的机制进行通信,如 ODBC(open database connectivity,开放数据库连接)、JDBC(Java database connectivity,Java 数据库连接)、SQL(structure query language,结构化查询语言)等。通常 Web 服务器接受客户端的请求,并根据请求的类型直接回复 HTML 页面给客户端,或者将请求提交给应用服务器处理。应用服务器接受由 Web 服务器传来的处理请求,并根据需要查询或更新数据库,进行应用逻辑的处理,然后将处理结果传回 Web 服务器。数据库服务器实现数据的存取功能,负责数据库的组织并向应用逻辑提供接口。

2. 网站的服务器端技术

这里的服务器端技术是指服务器端构造动态页面的技术,下文介绍的客户端技术是指浏览器的网页标记语言技术。

图文

网页设计中应防止的十个错误

在网站设计过程中,最重要的是服务器端应用程序的开发。通俗地说,就是要在 Web 服务器上构造动态网页。流行的服务器端构造动态网页的技术有 ASP、PHP 和 JSP 等。

(1)ASP。ASP 是微软提供的一种运行于服务器端的脚本编写环境,它使开发者可以使用几乎所有的脚本语言(如 VBScript、JavaScript、Perl 等)编写脚本,这些脚本可以执行应用程序逻辑,并能够调用 ActiveX 标签和文本、脚本命令以及与 ActiveX 控件混合在一起实现动态网页,创建交互式的 Web 站点,而不需要进行复杂的编程。

(2)PHP。PHP 是一种内嵌式的语言,而且 PHP 的语法混合了 UNIX、Shell、C、C++、Java、Perl 以及 PHP 自己的特性,它可以比 CGI 更快速地生成动态网页。Perl 执行数据操作要另外通过 DBI,但是 PHP 本身自带了操作几乎所有数据的能力,不需借助其他软件。

PHP 与 Apache 服务器紧密结合,执行效率很高,并且它支持几乎所有主流与非主流数据库,使基于数据库的 Web 网页的开发变得轻而易举。更重要的是它的源代码公开,PHP 及其相关的软件都是免费的,在中小型网站的开发中具有很大的市场。

(3)JSP。Java 语言是 Sun 公司开发的一种面向对象的网络时代的语言,但 Java 不仅是

一种语言，还是一种架构应用的技术系列。Java 构造动态页面的技术包括 Servlet 和 JSP。一个 Java Servlet 就是一个基于 Java 技术的运行在服务器端的程序，它可以接收来自用户的 Web 浏览器端的 HTTP 请求，并且动态地生成响应或应答，将网页文件发送到浏览器。

Sun 公司整合和规范市场上已经存在的支持 Java 应用程序编程环境的开发技术和开发工具，产生了一种全新的、基于交互式的 Web 应用程序开发设计的新方法，，即 JSP，它成为使用基于组件的应用逻辑功能的网页设计和开发人员的强大工具。

3. 网站的客户端技术

从 Internet 诞生开始，客户端技术就不断地发展，从最早的 HTML 到 DHTML(dynamic hypertext markup language，动态超文本标记语言)，一直到目前最有发展前途的 XML 技术。客户端技术用于为最终用户构造一个友好的人机界面。

(1)HTML。使用 HTML 生成的是一种静态的页面，其优点是可以被浏览器存储在缓存中，所以 HTML 页面请求的速度比较快。此外 HTML 代码可以通过一些网页编辑软件以所见即所得的方式生成和编辑，便于维护和修改。

(2)DHTML。DHTML 是对 HTML 的一个扩充。在 DHTML 中，HTML 页面上的所有元素都作为对象来处理，它们有自己的属性和事件，对它们的控制是通过改变它们的属性和触发它们的某些事件来实现的。所有这些对象共同构成了 DOM(document object model，文档对象模型)。DHTML 为 Web 应用提供了一种动态机制，一些简单的操作，如确认、数据验证和动态菜单，都可以不通过向服务器提交请求，而直接在客户端通过 JavaScript 来处理，所以它在一定程度上可以减轻服务器的负荷，大大缩短响应的时间。

(3)XML。XML(extensible markup language，可扩展标记语言)是由万维网联盟(World Wide Web Consortium，W3C)组织给出的一种可扩展的源标记语言。它是 SGML(standard general markup language，标准通用标记语言)的一个简化子集，这个子集是专为 Web 环境设计的。XML 通过在数据中加入附加信息的方式来描述结构化数据。但 XML 不像 HTML 那样只提供一组事先已经定义好的标记，而是允许程序开发人员根据它所提供的规则，制定各种各样的标记语言。在 XML 中，标记的语法是通过文档类型定义 DTD(document type definition)或模式(schema)来描述的。为了明确各个标记的含义，XML 还使用与之相连的样式单(style sheet)向浏览器提供如何处理显示的指示说明。

1.3.2 网页制作软件

目前流行的网页制作软件分为两类，即代码型和所见即所得型。

1. 代码型网页制作软件

代码型网页制作软件就是直接通过编写 HTML 语言代码的方式制作网页文件，对于初学者来说想要立即上手比较困难，而且相对所见即所得方式来说效率低下。

常用的代码型网页制作软件有 EditPlus 等。EditPlus 是一款能处理文本、HTML 和程序语言的 32 位编辑器，内嵌了 HTML、CSS、PHP、ASP、Perl、JavaScript 和 VBScript 等语言的语法检查功能，并支持上述多种编程语言的高亮显示。其内置的 HTML 工具栏可以自动完成 HTML 标记的插入和纠错，并且可以直接预览编写的 HTML 网页，是一款优秀的代码型网页编制工具。

2. 所见即所得型网页制作软件

所见即所得型网页制作软件就是在直观的视图中直接编辑网页的文本、图形、颜色等网页元素及属性，网页设计的效果可以同时展现出来，从而大大提高编制网页的效率。

常见的所见即所得型网页制作软件有 Office 办公软件。所见即所得型网页制作软件给网页制作带来了极大的方便，尤其是它能使初学者快速掌握网页制作技术，是学习网页制作的得力助手。

(1)Microsoft 公司的 FrontPage。FrontPage 作为 Office 家族中的一员，是一款所见即所得型的代表软件。FrontPage 沿袭了 Office 风格，只要会使用 Word 的用户就可以快速学会使用 FrontPage，利用它可以极大地提高网页制作者的工作效率。

(2)Adobe 公司的 Dreamweaver。Dreamweaver 是由美国 Macomedia 公司(已被 Adobe 公司收购)开发的集网页制作和网站管理于一身的所见即所得型的网页编辑软件，利用它可以轻而易举地制作出跨越平台限制和浏览器限制的充满动感的网页。

虽然所见即所得型网页制作软件方便用户制作网页，极大地提高了网页制作的效率，但是其也存在着难以克服的缺点。首先，难以精确达到与浏览器完全一致的显示效果。也就是说，在所见即所得型网页编辑器中制作的网页在浏览器中很难完全达到真正想要的效果，这一点在结构复杂的网页(如动态网页结构)中尤其明显。其次，页面原始代码具有难以控制性，如在所见即所得编辑器中制作一张表格需要几分钟，但要完全符合要求可能需要几十分钟，甚至更多时间。而相比之下，代码型的网页编辑工具就不存在这个问题，因为所有的 HTML 代码都在制作者的监控下产生。但是代码型编辑器的工作效率较低。实现两者的完美结合，既产生准确的 HTML 代码，又具备所见即所得的高效率、直观性，一直是网页设计人员努力的方向。

注意：

通常情况下，网页设计人员应综合使用代码型网页制作软件和所见即所得型网页制作软件，充分发挥两者的优点。可利用 Dreamweaver 等所见即所得型网页制作软件制作网页的雏形，然后使用 EditPlus 等代码型网页制作软件进行细致的调试，最终生成符合要求的网页。

1.4 网站建设基本流程

作为网页制作的初学者，必须掌握网站建设的基本流程，其主要包括网站的需求分析、网

站结构规划、素材搜集、网站的设计与制作以及网站的发布等步骤。

1. 网站的需求分析

网站是建立在各种各样具体的用户需求之上的，这些需求往往来自用户的实际需要。经过需求分析后，必须获得如下的内容：

(1)网站的主题。每个网站都必须有一个明确的主题，才能给浏览者留下深刻的印象。

(2)网站的名称。网站的名字必须便于用户记忆。

(3)网站的栏目设置。网站的栏目设置取决于网站的内容。

(4)网站的色调。网站的色调影响网站的风格。

2. 网站结构规划

网站的结构在很大程度上决定了网站的风格，也决定了一个网站的方向和前途。合理的网站栏目结构能正确表达网站的基本内容及其内容之间的层次关系，因此必须站在用户的角度考虑，使得用户在网站中浏览时可以方便地获取信息，不至于迷失。做到这一点并不难，关键在于对网站结构的重要性要有充分的认识，选择合适的布局。归纳起来，合理的网站栏目结构主要表现在以下几个方面：

(1)通过主页可以到达任何一个一级栏目首页、二级栏目首页以及最终的内容页面。

(2)通过任何一个网页可以返回上一级栏目页面并逐级返回主页。

(3)主栏目清晰并且全站统一。

(4)通过任何一个网页可以进入任何一个一级栏目首页。

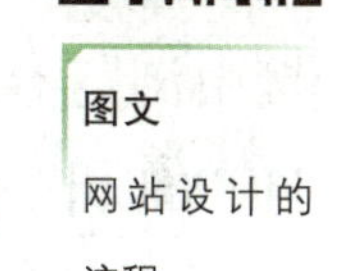

图文

网站设计的流程

3. 素材收集

完成了网站的需求分析和结构规划后，就需要收集制作网站的素材，即在网页制作过程中需要使用到的图标、图片、图像、音频、视频、数据和动画等材料，并选择符合网站风格的材料，合理地安排这些素材的使用位置。制作者往往还要根据实际制作需要的素材。

4. 网站的设计与制作

经过需求分析、网站结构规划和素材搜集等前期步骤后，接着进入网页的设计与制作阶段。在这一阶段的工作按其性质可以分为 3 类：页面美工设计、静态页面制作和程序开发。

页面美工设计首先要对网站风格有整体的定位，包括标准字体、Logo、标准色彩和广告语等。然后根据此定位分别做出首页、二级栏目以及内容的设计稿。首页设计包括版面、色彩、图像、动态效果、图标等风格设计，也包括 Banner、菜单、标题、栏目等模块设计。在设计好各个页面的效果后，就需要制作成 HTML 页面。对于简单的网站通常只需要静态页面，不需要程序开发，但对于功能复杂的网站，程序开发就是必要的了。程序开发人员可以事先编写功能模块，再整合到 HTML 页面上，也可以用制作好的页面进行程序开发。

5. 网站的发布

网站的发布就是网页制作完成后，将其发布到 Internet 上供用户浏览。发布网站必须在 Internet 的 Web 服务器上拥有自己的存储空间。如果拥有独立的 Web 服务器，直接将制作好的网页发布到 Web 服务器上相应的目录中即可。

注意：

如果没有自己独立的 Web 服务器，则可以在 Internet 上申请一个主页空间存放网页，同时申请一个域名来指向该网站。

发布网站时可以直接使用 Dreamweaver 2021 中的“发布站点”功能进行上传。对于大型站点的发布常常使用 FTP 软件进行上传，如 LeapFTP、CuteFTP 等。

1.5 网站设计的语言

本节将介绍网站设计的几种常用语言。

1.5.1 HTML

HTML 并不是一种程序设计语言，而是一种描述文档结构的标记语言，不需要翻译而直接由浏览器解释执行，它的作用是通过一些标签来告诉浏览器怎样显示标签中的内容。HTML 中的标签是不能扩展的。HTML 文件中包括要显示的数据和显示的方法，其扩展名为. htm 或. html。

下面通过一个例子简单了解 HTML 文档的结构和作用，在电脑桌面新建名称为“简单的 HTML 例子. txt”，并在该文档中输入如下信息：

```
<html>
<head>
<title>网页的标题</title>
</head>
<body>
网页的内容
</body>
</html>
```

将“简单的 HTML 例子. txt”修改为“简单的 HTML 例子. html”，使用浏览器打开该文档，这段程序在浏览器中的显示结果如图 1-5-1 所示。

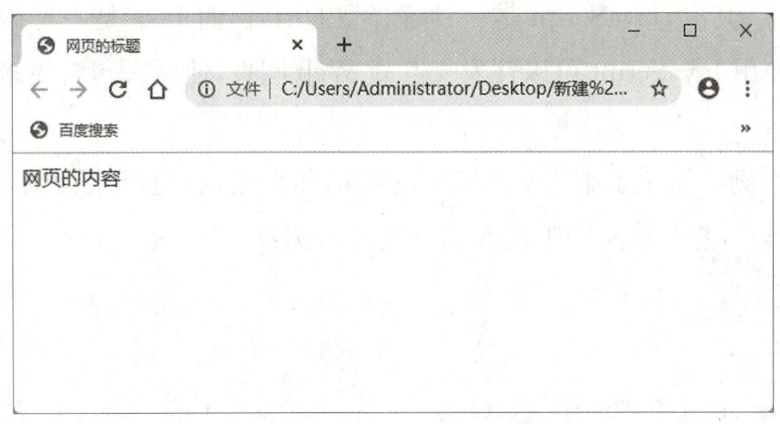

图 1-5-1 简单的 HTML 例子

注意：

HTML5 的前身名为 Web 应用程序，由 WHATWG 于 2004 年提出，W3C 于 2007 年接受，并成立了一个新的 HTML 工作组。

第一个正式的 HTML5 草案于 2008 年 1 月 22 日发布。目前，大多数浏览器有一些面向 HTML5 的支持。

2012 年 12 月 17 日，W3C 发布 HTML5 规范的正式草案，该草案凝聚了大量网络工作者的心血。根据 W3C 的声明，HTML5 是开放网络平台的基石。

2013 年 5 月 6 日，HTML 5.1 的正式草案发布。该规范定义了第五个正式版本，第一次要修订万维网的核心语言——超文本标记语言（HTML）。该版本不断地引入新特性和新元素。

2014 年 10 月 29 日，W3C 宣布，经过近 8 年的努力，HTML5 标准终于完成并发布。HTML5 取代 1999 年建立的 HTML 4.01 和 XHTML1 标准，使其能够满足当代互联网的需要，并在互联网应用程序迅速发展时丰富桌面和移动平台之间无缝连接的内容。

HTML5 也有望成为开放 Web 平台的基石。例如，其可以进一步促进更深入的跨平台 Web 应用程序的发展。

1.5.2 JavaScript

JavaScript 是一种解释性的脚本语言，它的代码可以直接嵌入 HTML 命令中。JavaScript 的最大特点是可以很方便地操纵网页上的元素，并通过 Web 浏览器与访问者交互。同时，JavaScript 可以捕捉客户的操作并做出反应。

JavaScript 是一种跨平台、基于对象的脚本语言。提到 JavaScript 脚本语言，人们可能会把它与 Java 语言混淆，其实 JavaScript 与 Java 是两种完全不同的语言。虽然它们的语法元素都和 C++十分相似，但彼此是不同的。首先，JavaScript 是 Netscape 公司的产品，而 Java

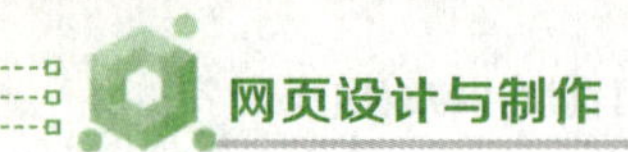

是 Sun 公司的产品；其次，JavaScript 是一种解释型的语言，而 Java 是一种编译型的语言。在 HTML 基础上，使用 JavaScript 可以开发交互式 Web 网页，使网页包含更多活跃的元素和更加精彩的内容。

下面通过一个例子简单了解 JavaScript 的结构和作用，在电脑桌面新建名称为“简单的 JavaScript 例子. txt”，并在该文档中输入如下代码示例：

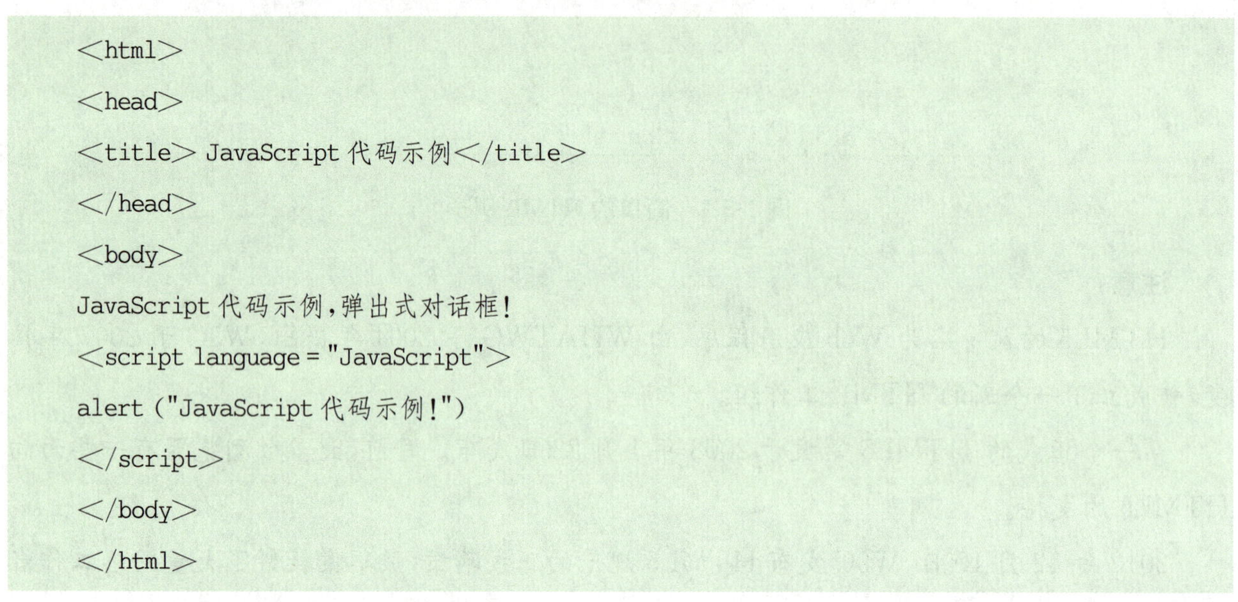

```
<html>
<head>
<title> JavaScript 代码示例</title>
</head>
<body>
JavaScript 代码示例，弹出式对话框！
<script language = "JavaScript">
alert ("JavaScript 代码示例！")
</script>
</body>
</html>
```

其中，“<script language="JavaScript">”与“</script>”之间就是 JavaScript 的脚本代码；“language”告诉浏览器脚本代码的语言类型是 JavaScript；“alert()”是 JavaScript 语言中显示消息框的函数，其功能是弹出一个具有按钮的对话框，并显示“()”中的字符串，效果如图 1-5-2 所示。

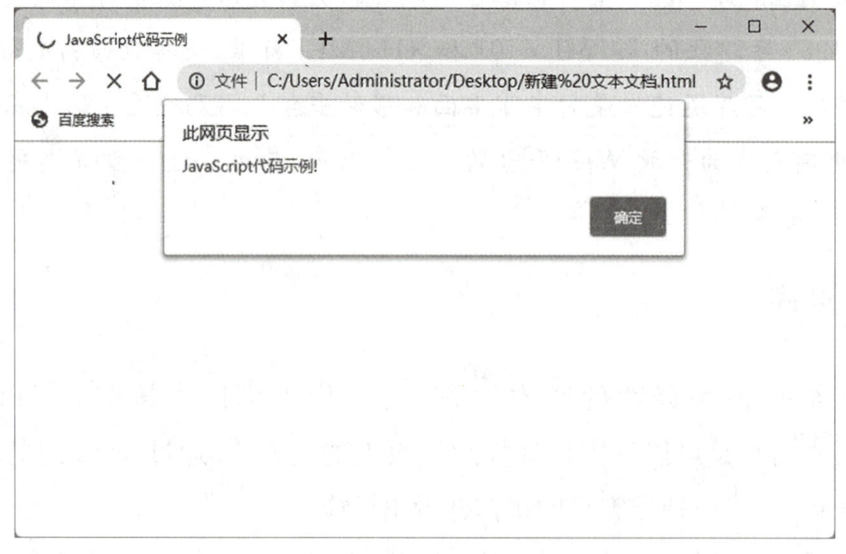

图 1-5-2　简单的 JavaScript 代码显示示例

思政园地

提倡网络道德，必须从我做起。作为网络时代的大学生，要努力做到不浏览或观看不健康的网站或电影，不发表不恰当的言论，严格遵循《中华人民共和国网络安全法》和《中国互联网管理条例》，善于在网上学习，诚实友好交流，不侮辱欺诈他人，增强自我保护意识，不随意约会网友，维护网络安全，不破坏网络秩序，不沉溺虚拟时空。

从我们自己做起，就要求每一个网民：在网上与别人发生矛盾时，少一些冲动，多一些忍让；少一些急躁，多一些耐心；少一些恶意猜测，多一些理解；在网上与别人交谈时，少一些不文明的用词，多一些暖心的话语；在网上看到一些言论时要理性思考，辨别真假；在发布信息的时候要三思，多在网上发布一些传递正能量的内容。

习题

一、选择题

1.(　　)协议是一组协议的总和，包含一大批软件程序，并提供远程登录、远程文件传输和电子邮件等网络服务，是国际互联网的基础。

A. HTTP　　B. TCP/IP　　C. FTP　　D. IPX/SPX

2.(　　)是局域网的核心设备，管理着局域网中的各种资源，其基本功能是提供网络通信服务、管理和提供网络共享资源，以及进行网络管理。

A. 交换机　　B. 集线器　　C. 浏览器　　D. 服务器

3.(　　)是计算机网络上的位置，它使信息以网页或文档的形式提供给使用浏览器访问站点的访问者。

A. 网站　　B. URL　　C. 服务器　　D. 域名

4. Internet 的域名系统是为方便解释计算机的(　　)地址而设立的。

A. TCP　　B. URL　　C. IP　　D. FTP

5. 静态网页中每个网页都有一个固定的(　　)，且网页以“. htm”和“. html”等形式为后缀。

A. IP　　B. URL　　C. HTM　　D. HTML

二、填空题

1. 统一资源定位器 URL 包括通信协议、__________、要访问的资源文件的路径和资源文件名等几部分。

2. 根据网页执行的方式不同可以将网页分为两种类型，即________和________。

3. HTML 并不是一种程序设计语言，而是一种________标记语言，不需要翻译而直接由________解释执行。

4. JavaScript 是一种脚本语言，它的代码可以直接嵌入________中。

5. HTML 文件中包括了要显示的数据和显示的方法，其扩展名为________或________。

6. 静态网页是相对于________而言，是指没有________、________和________的网页。网页中仅包含________代码，而且页面内容完全包含在网页的代码中并由浏览器解释执行。

7. 网站通常是存放在一个固定的主机上的，这台主机称为________或________，它以________的方式进行存放和运作。为了能使用户访问网站，这台服务器通常拥有固定的________或________。

8. 目前，最常用的 3 种动态网页语言是________、________和________。

三、简答题

1. 静态网页有什么特点？

2. 典型的网页布局有哪几种类型？

3. 简述网站建设的基本流程。

4. JavaScript 与 Java 相同吗？如果不同，说明两者的区别。

模块 2

网页版面布局和色彩搭配

版面布局与色彩搭配是网页界面设计的重要一环，版面布局的最终目的是使界面有清晰的条理性，并以鲜明的主题、融洽的整体美感吸引浏览者。因此布局新颖、合理，色彩搭配美观的网页能够增强对用户的感染力，甚至能做到使用户过目不忘。本模块主要介绍与网页版面布局和色彩搭配的相关知识。

学习目标

- 掌握网页版面布局的基础知识。
- 掌握网页色彩搭配的基本方法。

2.1 网页版面布局

本节介绍网页版面布局、网页尺寸设定和构成要素，以及版面布局原则和如何根据实际需要选择合理的网页版式等方面的基础知识。

2.1.1 版面布局概述

网页的版面布局与报纸、杂志等平面媒体的版面设计有很多相似之处，就是在有限的屏幕空间中将文字、图形、图像、色彩、动画、视频等多媒体元素进行有机组合，使页面整体的视觉效果美观易读，便于阅读理解，实现信息传达的最佳效果。

网页界面设计作为一种特殊媒介的设计，在具有平面设计一般特征的同时，还具有自身的设计特征。网页版面布局应时刻围绕"信息传达"这一主题来进行。因此，从根本上看，它是一种以功能为主的设计。

(1)网页版面布局以功能为主。网页版面布局的功能性主要体现在两方面：信息传递功能和审美功能。网页版面布局必须充分体现功能性第一原则，以功能要求为设计的主要出发点，综合考虑、整体设计，以求达到最佳效果。

(2)形象明确，易于接受。网页版面布局借助界面的各种视觉形象，引导浏览者的兴趣向一定的方向集中并产生联想。因此，对网页界面中视觉形象的构思要以形象明确、易于接受的原则来设计。

(3)形式简洁。形式简洁是网页界面应具有的外在特征。这主要基于两个方面的要求，一是加强网页界面的视觉冲击力，迅速传递信息的要求；二是形式美的要求。

2.1.2 网页版面的尺寸和构成要素

1. 网页版面的尺寸

在进行网页版面布局时，页面的尺寸通常用像素(px)进行度量，并遵循如下的规律：

(1)当屏幕分辨率为 800 px×600 px 时，网页宽度保持在 778 px 以内，不会出现水平滚动条，高度则根据版面和内容决定。

(2)当屏幕分辨率为 1 024 px×768 px 时，网页宽度保持在 1 002 px 以内，若要保持满屏显示，高度应为 612～615 px，不会出现水平滚动条和垂直滚动条。

(3)若在 Photoshop 中做网页，并以分辨率为 800 px×600 px 显示全屏，尺寸应为 740 px×560 px，不会出现水平滚动条和垂直滚动条。

(4)页面长度原则上不超过 3 屏，宽度不超过 1 屏。

(5)全尺寸 Banner 为 468 px×60 px，半尺寸 Banner 为 234 px×60 px，小 Banner 为 88 px×31 px。

2. 网页版面的构成要素

报纸、杂志等传统媒体都是由两种元素构成的，即文字与图形。网页作为一种新兴媒体，其版面包含了更多的构成要素。除了文字、图形和色彩以外，还有声音、视频图像和动画等多媒体元素，以及由 Java、ActiveX 控件等制作的特殊效果及交互功能。

(1)文字。文字是网页界面的主体，是用以传达信息的主要元素。虽然利用网络多媒体的影音效果也可以达到同样的目的，但文字在网页中的优势很难被取代。这首先是由于以文字传达信息符合常人的接受习惯，其次是因为文字所占的存储空间极小，利于浏览及下载，许多网页提供纯文字页面形式以节省浏览者的时间和费用。网页界面中的文字主要有标题、文字信息和文字链接。

(2)图形。图形在网页界面中有着十分重要的作用。在网上浏览页面时，浏览者常常会因为看到一幅十分引人注目的图形而去了解相关内容。图形必须完全符合网页的主题，并具有创新的构思和强烈的个性，使主题与内容较好地统一，有利于信息的传达。页面中的图形可以用作标题、背景、主图和链接按钮等。

(3)色彩。色彩在网页界面设计中起着重要的作用。首先，彩色网页比单色网页更具吸引

力;其次,彩色网页可通过色彩传达信息,是增强可理解性和易识别性的有效手段;再次,色彩本身具有象征作用,通过带有主题倾向的色彩语言,可以更加有效地与浏览者进行情感沟通;最后,彩色网页具有悦目、装饰性强的特点,使浏览者愿意花更长的时间了解相关信息。

(4)多媒体。将多媒体元素引入网页界面可以在很大程度上增强对浏览者的吸引力。从网页界面的发展来看,由纯文字到图文并茂,再到引入新的多媒体元素,这是一个必然的过程。网页界面中所涉及的多媒体元素主要是音频、视频和动画等。

2.1.3 网页版面布局原则

网页的版面布局必须遵循如下3条原则。

1. 主题鲜明突出

版面布局的最终目的是使网页界面产生条理性,用悦目的组织来更好地突出主题,以达到最佳的效果,它有助于增强用户对版面的注意,增进用户对内容的理解。在进行版面布局时应做到:

(1)按照主从关系的顺序使放大的主体形象成为视觉中心,以此来表达主题思想。

(2)将文案中多种信息做整体编排设计,有助于主体形象的建立。

(3)在主体形象四周增加空白量,使被强调的主体形象更加鲜明。

2. 形式与内容统一

版面布局所追求的完美形式必须符合主题的思想内容,这是版面布局的前提。只讲完美的表现形式而脱离主体内容,或者只求内容而缺乏艺术表现力,版面布局都会变得空洞和刻板,也就失去了版面布局的意义。为了达到两者统一,设计者首先深入领会其主题的思想精神,再融合自己的思想感情,找到一个符合两者的完美表现形式,版面布局才会体现出它独具的分量和特有的价值。

3. 强化整体布局

版面各种编排要素应在编排结构和色彩上做整体设计。如果图片和文字少,则需要以周密的组织和定位来获得版面的秩序。对于连页或展开页,不能设计完左页再考虑右页,否则必将造成松散、“各自为政”的状态,也就破坏了版面的整体性。

2.1.4 网页版面布局风格

网页版面布局风格包括文字和图像的处理及版式类型的选择。

1. 文字的处理

(1)字号、字体和行距。字号大小可以用不同的方式计算,如磅(pt)或像素(px)。建议采用磅为单位。最适合于网页正文显示的字号大小为12 pt左右;对于内容较多的页面,通常采用 9 pt 的字号。较大的字号可用于标题或其他需要强调的地方，小一些的字号可以用于页脚和辅助信息。

注意：

字体选择是一种感性、直观的行为，需要依据网页的总体设想和浏览者的需要进行选择。

①粗体字强壮有力，适合编排机械、建筑等行业的内容。

②细体字高雅细致，更适合服装、化妆品、食品等行业的内容。

③在同一页面中，字体种类少，版面雅致，有稳定感；字体种类多，则版面活跃，丰富多彩。

行距的变化也会对文本的可读性产生很大影响。一般情况下，接近字体尺寸的行距设置比较适合正文。

(2)文字的整体编排。页面里的正文部分是由许多单个文字经过编排组成的群体，要充分发挥这个群体形状在版面整体布局中的作用。从艺术的角度可以将字体本身看成是一种艺术形式，它在个性和情感方面对人们有着很大影响。在网页设计中，字体的处理与颜色、版式、图形等其他设计元素的处理一样非常关键。从某种意义上来讲，所有的设计元素都可以理解为图形。

(3)文字的强调。

①行首的强调。将正文的第一个字或字母放大并做装饰性处理，嵌入段落的开头，有吸引视线、装饰和活跃版面的作用，被应用于网页的文字编排中。

②引文的强调。引文是提纲挈领性的文字，通常用于概括一个段落、一个章节或全文大意。引文的编排方式多种多样，如将引文嵌入正文的左右侧、上下方或中心位置等，并且可以在字体或字号上与正文相区别而产生变化。

注意：

在网页设计中，设计者还可以为文字、文字链接、已访问链接和当前活动链接选用各种颜色。使用不同颜色的文字可以使想要强调的部分更加引人注目。

2. 图像的设计

除了文本之外，网页上最重要的设计元素是图像。一方面，图像的应用使网页更加美观、有趣；另一方面，图像本身也是传达信息的重要手段之一。Web 通常使用两种图像格式：GIF 和 JPEG。除此以外，还有两种适合网络传播但没有被广泛应用的图像格式：PNG 和 MNG。同印刷排版一样，静态图像在网页排版中的运用通常有几种形式：方形图、退底图、出血图以及这 3 种形式的结合使用。

3. 版式类型的选择

网页版式的基本类型主要有骨骼型、满版型、分割型、中轴型、曲线型、倾斜型、对称型、焦点型、三角型和自由型 10 种。

(1)骨骼型。网页版式的骨骼型是一种规范、理性的分割方法，类似于报刊的版式。常见

的“骨骼”有竖向通栏、双栏、三栏、四栏和横向的通栏、双栏、三栏和四栏等。一般以竖向分栏为多。这种版式给人以和谐、理性的美。几种分栏方式结合使用，既理性且有条理，又活泼而富有弹性。

(2)满版型。满版型是指页面以图像充满整版，主要以图像为诉求点，也可将部分文字压置于图像之上，视觉传达效果直观而强烈，特点是给人以舒展、大方的感觉。

(3)分割型。分割型是指把整个页面分成上下或左右两部分，分别安排图片和文案。两个部分形成对比：有图片的部分感性而具活力，文案部分则理性而平静。通过调整图片和文案所占的面积来调节对比的强弱。

(4)中轴型。中轴型是指沿浏览器窗口的中轴将图片或文字做水平或垂直方向的排列。水平排列的页面给人稳定、平静、含蓄的感觉，垂直排列的页面给人以舒畅的感觉。

(5)曲线型。曲线型是指图片、文字在页面上做曲线的分割或编排，产生韵律与节奏感。

(6)倾斜型。倾斜型是指页面主题形象或多幅图片、文字做倾斜编排，形成不稳定感或强烈的动感，引人注目。

(7)对称型。对称的页面给人稳定、严谨、庄重、理性的感受。对称分为绝对对称和相对对称，一般采用相对对称的手法，避免呆板。

(8)焦点型。焦点型的网页版式通过对视线的诱导，使页面具有强烈的视觉效果。焦点型分 3 种情况：以中心为焦点，将对比强烈的图片或文字置于页面的视觉中心；以向心为焦点，视觉元素引导浏览者视线向页面中心聚拢，形成一个向心的版式；以离心为焦点，视觉元素引导浏览者视线向外辐射，形成一个离心的网页版式。

(9)三角型。三角型的网页各视觉元素呈三角形排列，包括正三角形、倒三角形和侧三角形。

(10)自由型。自由型的页面具有活泼、轻快的风格。

2.2 网页色彩搭配

一个吸引浏览者的网页必定具有良好的色彩搭配效果。优良的色彩搭配是网页制作成功不可忽视的一项。

2.2.1 色彩的基本理论

色彩既是主观的东西，又是客观的东西。对色彩设计的研究涉及多种学科领域。作为网页设计人员，有必要对色彩的客观属性及特征有一定程度的了解。

1. 光与色彩

日本的小林秀雄曾经说过：“色彩是破碎的光。太阳光与地球相撞，四分五裂，因而形成了美丽的色彩。”这表明物体本身是没有色彩的，色彩是由光的刺激而产生的视觉效应。

(1)光谱与原色光。从物理意义上讲，光是电磁波的一部分，波长范围是 380～780 nm，被称为可见光。不同波长的可见光在人们的视觉中形成各种色彩。英国物理学家牛顿曾做过实验证明红、橙、黄、绿、青、蓝、紫七色光谱是由光的色散形成的，同时验证了光谱中的单色光聚合后就会形成白光，即太阳光是由单色光混合而成的。

(2)物理色与固有色。

①物理色。物体本身虽然没有色彩，但它能够通过对不同波长色光的吸收、反射、远视，反映出某种色彩的面貌，这就是物理色。人们日常所见到的非发光物体会呈现出不同的颜色，这是由物体表面和投照光两个因素决定的。例如，在白色日光的照射下，白色表面几乎反射全部光线，黑色表面几乎吸收全部光线，因此会呈现出黑白不同的物理色。

②固有色。固有色通常是指物体在正常的白色日光下所呈现的色彩，由于它最具有普遍性，在人们的知觉中便形成了对某种物体色彩形象的概念。固有色是一种相对的色彩概念，即使是日光也是不断变化的。任何物体的色彩不仅受到投照光的影响，还会受到周围环境中各种反射光的影响，所以人们通常看到的色彩都是物理色。

注意：

固有色的作用主要体现在它强烈的象征意义和现实性的表现价值上。当设计作品中的色彩以固有色存在时，往往给人以现实主义的印象，而固有色被抽象出来使用时，则具有象征的含义。

(3)色彩的种类。客观世界中成千上万的色彩，归纳起来只有两个范畴，即无彩色系和有彩色系。当投照光、反射光与透过光在视知觉中并未显示某种单色光的特征时，看到的就是无彩色。无彩色系包括黑、白和各种明度的灰，也被称为中性色。

除无彩色系以外的所有色彩，无论其灰艳、明暗程度如何，均属于有彩色系。无彩色从物理光学角度来讲，并未包括在可视光谱中，但在心理效应上无彩色具有完整的色彩性质，与有彩色同样具有重要的意义。因此，无彩色属于色彩体系的一部分。

2. 色彩的要素

视觉所感知的一切色彩现象都具有其基本的构成要素。对于有彩色系，任何一种颜色都包含 3 个基本要素，即明度、色相和纯度；而无彩色系则只具有明度要素。

(1)明度。明度指的是颜色的明暗或深浅程度，即颜色的相对色调或明亮程度，通常也被称为“亮度”“光度”。明度是一切色彩现象都具有的通性，有较强的独立性，它可以不带任何色相的特征而通过黑、白、灰单独呈现出来。而有彩色系的另外两个要素色相与纯度都必须依赖一定的明暗关系才能显现，色彩一旦发生，明暗关系必然同时出现。

明度的产生有以下 3 种情况。

①同一色彩因光源的投射角度不同造成明度强弱的差异。

②同一色相因混合不同比例的黑、白、灰而形成截然不同的明度变化。

③在同等光源下，不同色相间的明度差异。

(2)色相。色相指的是色彩的相貌，具体体现为各种色彩，也称“色度”。在可见光谱中，人的视觉能够感受到红、橙、黄、绿、青、蓝、紫这些不同特征的色彩，这些可以相互区别的色彩就称为色相。由于色彩具有这种具体相貌的特征，人们才得以感受到五彩缤纷的客观世界。

(3)纯度。纯度指色彩的纯粹程度，又称“彩度”“饱和度”“艳度”。在光学上，它取决于色彩波长的单一程度，光波波长越单纯，则色彩越鲜明。人的视觉能辨认出的有色相感的色彩，都具有一定程度的纯度。不同的色相明度不同，纯度也不相同。

3. 色彩空间

色彩空间又称“色彩模型”，是一种以概念和数字来科学地描述色彩的方法。根据应用范围及标准的不同，色彩科学家定义了多种多样的色彩空间，下面介绍常用的两个色彩空间。

(1)RGB 色彩空间。RGB 色彩空间也称加色空间，指由色光混合而形成的色彩空间。RGB 指的是色光中的三原色，即红、绿、蓝，由此三种色光混合即可得到任何颜色的色光。RGB 色光的混合被称为“加色混合”或“加光混合”。计算机的显示设备和输入设备采用的就是 RGB 色彩空间的加色混合原理。

(2)CMYK 色彩空间。CMYK 色彩空间称“减色空间”，指由色料混合而形成的色彩空间。色料的三原色为品红、黄和湖蓝(青)，由此三种色料任意组合即可产生其他色彩。CMYK 色彩空间就是依据减色混合的原理创建的，它是电子出版领域中广泛使用的色彩语言。CMYK 指的是 cyan(青)、magenta(品红)、yellow(黄)和 black(黑)。

2.2.2 网页中的色彩及配色

视频

网页配色原则

色彩是网页设计中不可或缺的元素，下面将介绍在网页中配色的原理和技巧。

1. 网页色彩的作用

任何网页界面设计都离不开色彩的使用，色彩是网页界面设计中最基本的元素，在网页设计中起着至关重要的作用。

(1)视觉区域划分。网页界面的首要功能是传递信息，色彩正是创造有序的视觉信息流程的重要元素。网页界面中利用色彩分布，可以将不同类型的信息分类排布，并利用各种色彩带给人的不同心理效果，很好地区分出主次顺序，从而形成有序的视觉流程。

(2)突出主题。网页界面传递的信息内容与传递方式应该是相互统一的，这是设计作品成功的必要条件。网页界面中不同的内容需要有不同的色彩来表现。利用不同色彩自身的表现力、情感效应以及审美心理感受,可以使网页的内容与形式有机地结合起来,以色彩的内在力量来烘托主题。

(3)吸引视线。由于色彩设计的特殊性能,越来越多的网页界面设计人员认识到,好的色彩设计对于网站的生存起着至关重要的作用。因此,网页设计人员利用色彩的力量,不断设计出各式各样悦目的界面。网页界面中的色彩应用,或含蓄优雅,或动感强烈,或时尚新颖,或单纯有力,无论哪种形式都是为了一个明确的目标,即引起更多浏览者的关注。

(4)增强艺术性。色彩既是视觉信息传达的方式,又是艺术设计的语言。色彩设计对界面设计作品的艺术品位起着举足轻重的作用,不仅在视觉上,而且在心理作用和象征作用中都可以得到充分的体现。以色彩的科学知识为基础,进而从美学的角度去探讨色彩设计的表现形式,可以大大增强网页界面设计作品的艺术性,创造出更加富有审美情趣的作品。

2.网页配色原则

计算机是通过数字信息来处理颜色的,所以计算机在屏幕上显示颜色的能力是有限的,这也和计算机的显卡、显示器等硬件配置有很大的关系。网页设计者在本地高性能的计算机上设计出来的页面,在浏览者访问时受到客户端硬件配置性能的制约,未必能够准确体现出原有的风貌。

(1)安全调色板。安全调色板就是包含 216 种 RGB 色的调色板,这 216 种 RGB 色在各种浏览器、操作平台、分辨率和显示器条件下都保持不变,这是因为 Microsoft 公司在开发计算机操作系统时,在计算机原有的 256 种 RGB 色中保留了 40 种作为系统使用的颜色。由于绝大多数访问者使用的都是 PC,所以这种情况所造成的约束相当普遍。

注意:

如果采用了安全调色板以外的颜色,页面传输到远端时,由于浏览器不能显示所有的颜色,因而模拟那些在颜色有限的调色板中不能显示出来的颜色,从而产生“抖动”。在视觉上,邻近的像素倾向于混合。

(2)HTML 语言中的颜色值。在 HTML 中颜色表示的方法有 3 种。

①使用 6 位十六进制的整数来表示。例如,bgcolor=#ff0000,其中#用于对颜色代码的声明,前两位 ff 表示三原色中的红色,取值范围是十六进制的 00~ff,中间两位表示三原色中的绿色,最后两位表示蓝色。00 表示没有颜色,ff 表示颜色最强。所以#000000 表示黑色,#ffffff 表示白色,#ff0000 表示红色,#00ff00 表示绿色,#0000ff 表示蓝色。

②使用 RGB(R,G,B)来表示。圆括号“()”中的 R、G、B 分别用 0~255 的十进制数或百分比表示红、绿、蓝。例如,RGB(255,0,0)或 RGB(100%,0%,0%)都表示红色。

③使用颜色的关键字来表示。关键字共 16 个,见表 2-2-1。

表 2-2-1 HTML 中常用的颜色关键字

颜色关键字	十六进制代码	颜　色
black	#000000	黑色
silver	#c0c0c0	银色
maroon	#800000	栗色
red	#ff0000	红色
green	#008000	绿色
lime	#00ff00	酸橙色
olive	#808000	橄榄色
yellow	#ffff00	黄色
navy	#000080	海军蓝
blue	#0000ff	蓝色
purple	#800080	紫色
fuchsin	#ff00ff	洋红
teal	#008080	水鸭绿
aqua	#00ffff	水蓝
gray	#808080	灰色
white	#ffffff	白色

同一种颜色，如红色，在 HTML 中可以采用如下 3 种方法表示。

```
bgcolor = red
bgcolor = #ff0000
bgcolor = RGB(255,0,0)或 RGB(100%,0%,0%)
```

(3)网页配色技巧。由于大多数网页设计者没有美术功底，因此网页的色彩搭配对于网页设计者尤其是初学者来说是个麻烦的问题。网页色彩的运用要达到独创的效果，就必须对色彩进行合理的配置，把握住色调的比重，否则就会喧宾夺主。在进行网页配色时可以遵循以下技巧。

①用一种色彩(同类色的应用)，即使用色彩变淡或加深产生一系列的色彩。

②用两种色彩，即在选用两种颜色的时候，可选用黑白搭配方案，另外灰色是万能色，可以和任何色彩搭配。

③用一个色系，即使用一种感觉的色彩，如淡蓝、淡黄、淡绿，或者土黄、土灰、土蓝等。

注意：

在网页配色中还要避免一些误区。

一是不要在一个网页中使用过多的颜色，否则会给浏览者以杂乱的感觉。

二是背景色和前景色的对比要大,以便突出主要文字内容。

思政园地

本模块通过学习网页版面布局和色彩搭配,加深读者对网页版面布局和色彩搭配的了解,引导学生树立共享发展理念。同时进行思政的渗透教育,提高综合职业素养,树立社会主义职业工匠精神。

习题

一、填空题

1. RGB 色彩空间又称为__________,其中包括红色、__________和蓝色 3 种原色。

2. 网页版式设计以功能为主,其功能性主要体现在__________和审美功能。

3. 网页的版面布局必须遵循如下 3 条原则:__________、__________和__________。

4. 对于有彩色系,任何一种颜色都包含 3 个基本要素,即__________、__________、__________;而无彩色系则只具有__________要素。

5. 明度指的是颜色的明暗或深浅程度,即颜色的相对色调或明亮程度,通常也被称为__________。

6. RGB 色彩空间也称__________,指由__________形成的色彩空间。RGB 指的是色光中的三原色,即__________、__________、__________,由此 3 种色光混合即可得到任何颜色的色光。当 3 个原色光以一定比例混合时,可以产生__________系的白光或灰色光。

7. 安全调色板就是包含__________种 RGB 色的调色板。

8. 在 HTML 中,RGB 色彩空间中 blue 的十六进制表示为__________。

9. 在 HTML 中颜色表示的方法有 3 种,分别是__________、__________和__________。

二、简答题

1. 简述网页的版面布局的概念。

2. 网页版面布局的功能性主要体现在哪几个方面?

3. 网页界面的构成要素有哪些?这些要素各自的作用是什么?

4. 在设置网页版面尺寸时应该遵循何种规律?

5. 网页的版式设计必须遵循何种原则?

6. 简述网页配色的基本技巧。

模块 3

Dreamweaver 2021

由于网络的飞速发展，Internet 已经涉及人们生活、工作和学习的各个领域，越来越多的人希望拥有自己的网络主页。Dreamweaver 2021 是一款集网页制作与网站管理于一体的网页编辑软件，它凭借强大的功能和友好的操作界面受到广大网页设计者的欢迎，已经成为业内网页设计与制作的首选专业工具。

学习目标

- 了解 Dreamweaver 2021。
- 掌握安装与启动 Dreamweaver 2021 的步骤。
- 掌握利用 Dreamweaver 2021 创建网页的方法。
- 掌握利用 Dreamweaver 2021 创建、管理本地站点的方法。

3.1 Dreamweaver 2021 概述

Dreamweaver 2021 是一款所见即所得型的优秀软件，能够创建并管理用户网站，下面进行详细介绍。

3.1.1 Dreamweaver 2021 的主要功能

Dreamweaver 2021 是 Dreamweaver 的最新版本，它沿袭了以前版本的各种优点，同时在功能上也做了相当大的改进，功能更加强大，易用性更强。它不仅具有同类软件的所有功能，还拥有许多出色的设计理念，例如，包含行为、CSS 样式和资源等。Dreamweaver 2021 的优势在于它不仅是优秀的所见即所得型网页制作软件，同时兼顾了 HTML 源代码编辑，可以让用户方便地在两种模式之间切换，再配合 Fireworks 或 Photoshop 等多媒体设计软件，可以制作出视觉效果美观的网页作品。

1. 代码开发工具

Dreamweaver 2021 为 Web 应用程序开发人员和网页脚本设计人员提供了强大的代码编辑器，通过 Dreamweaver 2021 可以方便地进行 ASP、JSP、PHP 和 ASP. NET 等 Web 应用程序及 JavaScript、CSS 等代码的编写。在 Dreamweaver 2021 中采用不同的颜色来标记源代码中不同的语法部分，同时还具有强大的代码提示功能，大大简化了代码设计人员的劳动强度。

2. 站点资源管理器

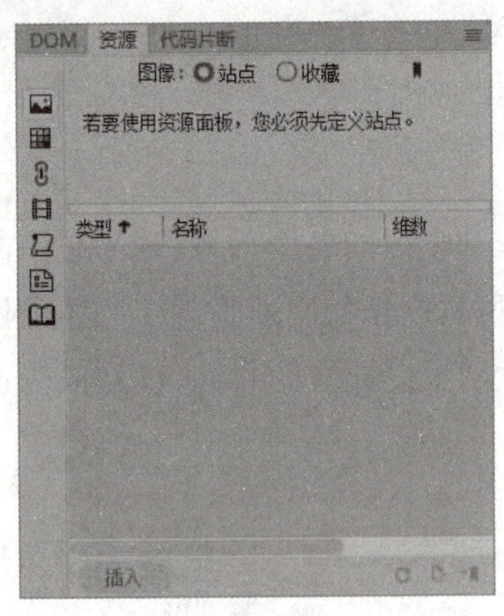

图 3-1-1 Dreamweaver 2021 的资源管理器

Dreamweaver 2021 提供站点资源管理器来管理网页设计人员日益庞大的资源库。通过它可以轻松地跟踪和预览已存储在站点中的多种资源，如图 3-1-1 所示。

如图像、影片、颜色、脚本和链接等，也可以将某种资源直接拖至当前文档，将其插入某一网页中。有了站点资源管理器，Dreamweaver 2021 还可以访问两种特殊类型的资源，即库和模板。库项目用于个别设计元素，如站点的版权信息或徽标。模板用于控制更大的设计区域。

3. 远程站点管理

Dreamweaver 2021 可以用于管理和维护远程服务器，从远程服务器下载文件到本地或从本地上传文件到远程服务器，实现本地文件和远程服务器的文件同步。

4. 实时视图功能

借助 Dreamweaver 2021 中的实时视图功能，可以在类似真实的浏览器环境中设计网页，屏幕呈现的内容会立即反映出对代码所做的更改，同时仍可以直接访问代码。

5. 针对 JavaScript 框架的代码提示

借助改进的 JavaScript 核心对象和基本数据类型支持，更有效地编写 JavaScript 脚本。通过集成包括 JQuery、Prototype 和 Spry 在内的流行 JavaScript 框架，充分利用 Dreamweaver 2021 的扩展编码功能。

注意：

Dreamweaver 2021 除了上述支持的典型功能外，还提供了全新的用户界面，引入了编辑时启用 linting 功能，以改善自动化的 linting 功能。借助这一全新增强功能，用户可在编辑 HTML(. htm 和. html)、CSS、DW 模板和 JavaScript 文件时，在输出面板中同步查看错误和警告。

3.1.2 Dreamweaver 2021 的安装与启动

要使用 Dreamweaver 2021，首先必须安装 Dreamweaver 2021 软件。可以从网上下载试用版本,有效期为30天。

1. Dreamweaver 2021 的系统环境要求

在 Adobe 公司的官方网站上给出了 Dreamweaver 2021 对系统安装环境的要求。

处理器:2 GHz 或更快的处理器。

操作系统:Microsoft Windows 10,操作系统版本最低为 1903(64 位)。

内存容量:2 GB RAM(推荐使用 4 GB)。

硬盘容量:2 GB 可用硬盘空间(用于安装);安装过程中需要额外的可用空间(约 2 GB)。Dreamweaver 不可安装于移动闪存设备中。

显示设备:1 280 px×1 024 px 显示器,16 路视频卡。

Internet:必须具备 Internet 连接并完成注册,才能激活软件、验证订阅和访问在线服务。

2. Dreamweaver 2021 的安装

(1)在配套资料包中找到 Dreamweaver 2021 的安装包,在打开的文件夹中双击安装程序 Setup. exe,或者从网上下载试用版,需要先解压安装程序,然后双击安装程序 Setup. exe。弹出安装选项对话框,如图 3-1-2 所示。

(2)单击"继续"按钮,Dreamweaver 2021 会自动进行安装,如图 3-1-3 所示。安装成功后会弹出提示框,如图 3-1-4 所示。

图 3-1-2 安装选项对话框

图 3-1-3 Dreamweaver 2021 安装过程

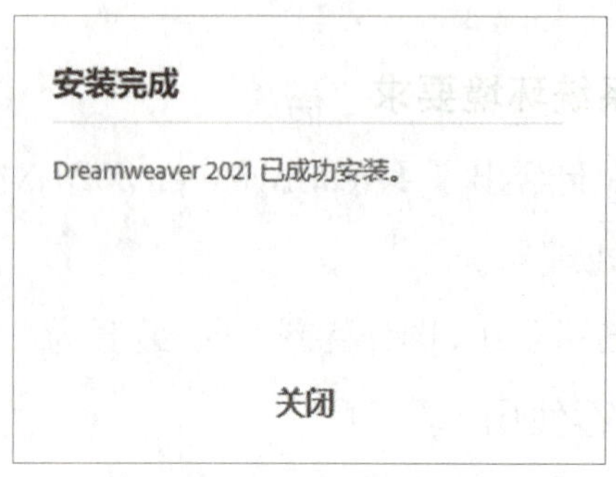

图 3-1-4　Dreamweaver 2021 安装成功的提示框

3. Dreamweaver 2021 的启动

Dreamweaver 2021 安装完成后，用户可以通过如下几种方式启动它。

（1）依次选择菜单项“开始”→“程序”→Adobe Dreamweaver CS4。

（2）如果用户在桌面创建了 Dreamweaver 2021 的快捷方式，则可以通过双击该快捷方式来启动。

（3）双击 Windows 资源管理器中被注册为默认由 Dreamweaver 2021 编辑的文件也可以启动 Dreamweaver 2021。Dreamweaver 2021 启动后，该文件也会被自动打开。

首次启动 Dreamweaver 2021 时会出现图 3-1-5 所示的提示对话框。

该对话框询问是否使用过 Dreamweaver，这里作为新手，选择“不，我是新手”。然后进入设置窗口，将会分 3 步设置 Dreamweaver 2021，首先是设置工作区，如图 3-1-6 所示。

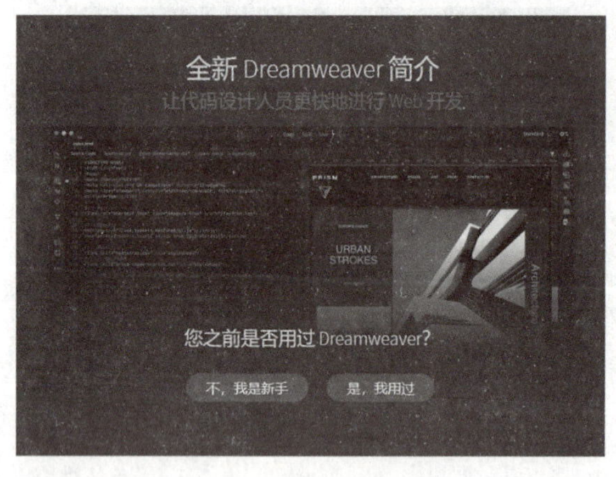

图 3-1-5　首次启动 Dreamweaver 2021 的提示对话框

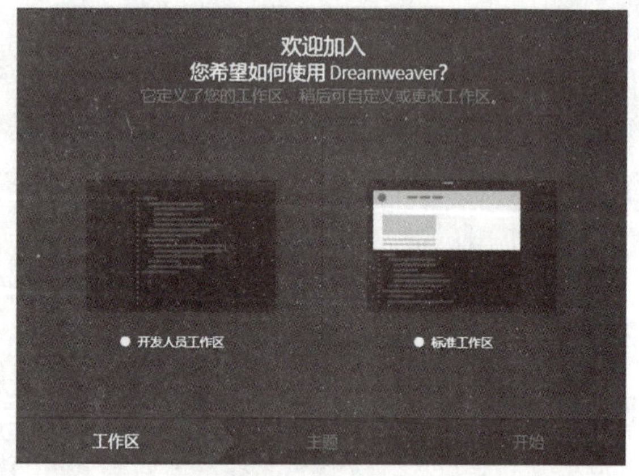

图 3-1-6　设置 Dreamweaver 2021 工作区

此处选择“标准工作区”。然后设置主题，如图 3-1-7 所示。

此处读者根据自身爱好选择喜欢的主题。最后在“开始”选项卡选择“从示例文件开始”“从新文件夹或现有文件夹开始”或“先观看教程”，如图 3-1-8 所示。

此处读者可以自行选择，体验不同的打开方式。至此 Dreamweaver 2021 就安装完成并启动了。

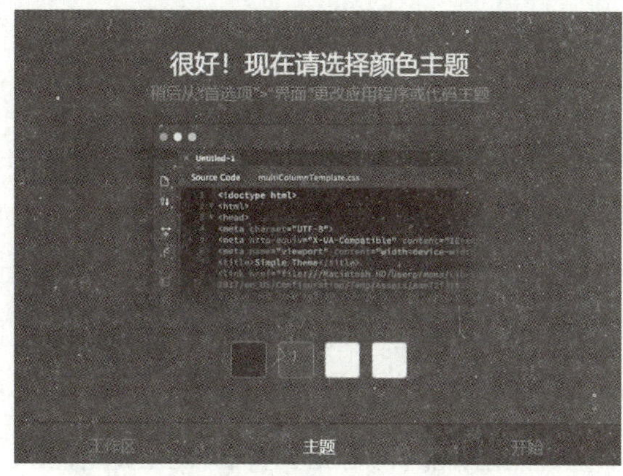

图 3-1-7　设置 Dreamweaver 2021 主题

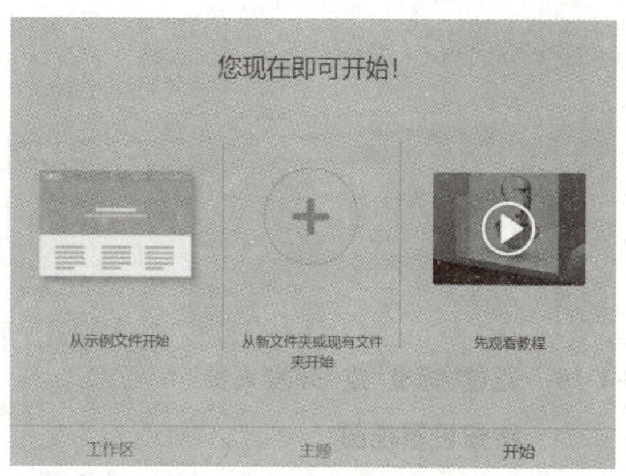

图 3-1-8　“开始”选项卡

3.1.3 Dreamweaver 2021 的工作界面

Dreamweaver 2021 的工作界面由菜单栏、文档工具栏、主工作区、工具栏、标签组等组成。通常在不同的工作区布局下 Dreamweaver 2021 显示的工具栏有所不同。

在标准模式下的工作界面如图 3-1-9 所示。

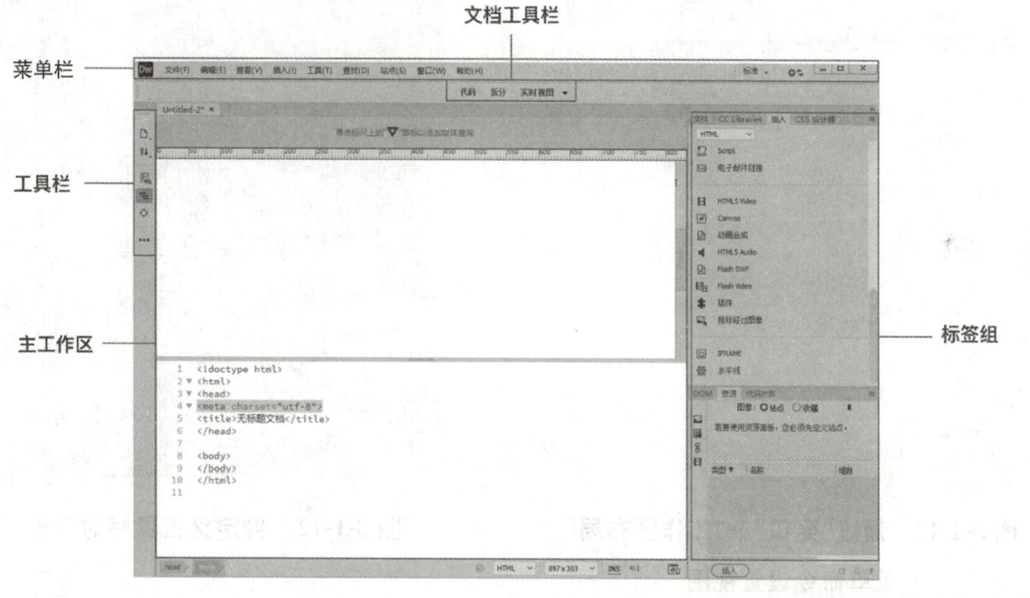

图 3-1-9　标准模式下 Dreamweaver 2021 的工作界面

(1)菜单栏：包含“文件”“编辑”“查看”“插入”“工具”“查找”“站点”“窗口”和“帮助”等选项卡。Dreamweaver 2021 的所有功能都可以在其中找到相应的菜单项。

注意：

在 Dreamweaver 2021 中有开发人员视图和标准视图两种视图，Dreamweaver 2021 有两种不同的方式设置视图。

①Dreamweaver 2021 的菜单栏中有“标准”或“开发人员”选项，选择其中的选项可以选择开发人员视图或者标准视图，如图 3-1-10 所示。

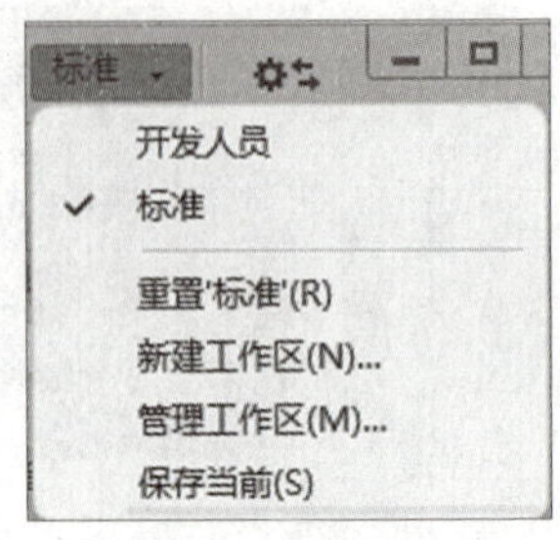

图 3-1-10　通过“标准”或“开发人员”按钮设置视图

②另外可以通过执行“窗口”→“工作区布局”命令更换 Dreamweaver 2021 的视图，如图 3-1-11 所示。

(2)文档工具栏：包含用于切换编辑模式的“代码”“拆分”和“实时视图”等按钮。

(3)主工作区：Dreamweaver 的主要组件，是网页设计人员编辑网页的区域。主工作区的底部是状态栏，可以提供有关当前文档的多种信息。

(4)工具栏：Dreamweaver 2021 与 Dreamweaver CS 工具栏中最主要的区别之一，在工具栏中包含了“打开文档”“文件管理”“实时代码”“实时视图选项”等按钮，单击…按钮可以自定义工具栏。自定义工具栏对话框如图 3-1-12 所示。

(5)标签组：标签组中包含“文件”“插入”“CSS 设计器”“资源”等选项卡，并且这些选项卡可以使用长按单击的方式拖曳。标签组中的“插入”选项卡在开发中会经常使用，其中包含超链接、电子邮件链接、命名锚记、表格等网页中常用的组件标记。

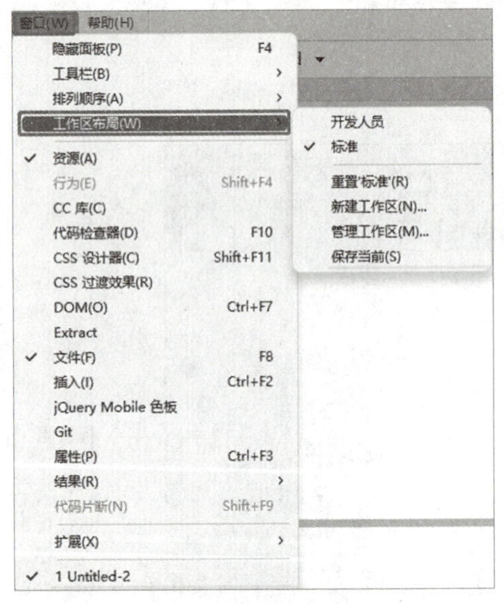

图 3-1-11　通过“窗口”→“工作区布局”菜单命令设置视图

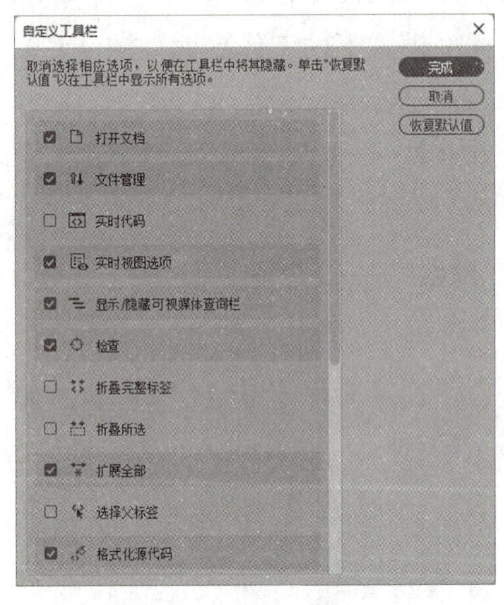

图 3-1-12　自定义工具栏对话框

3.2 创建并保存简单的 HTML 文档

利用 Dreamweaver 2021 创建一个网页文档的步骤非常简单，只要用户熟悉 Word 等文字编辑软件的使用，就可以快速上手编写自己的网页。

3.2.1 创建网页文档

利用 Dreamweaver 2021 创建新的网页文档，可以依次执行“文件”→“新建”命令，或者在打开 Dreamweaver 2021 时弹出的新建窗口中单击“新建”按钮，也可以使用 Ctrl+N 组合键来创建新文档，弹出图 3-2-1 所示的新建文档对话框。

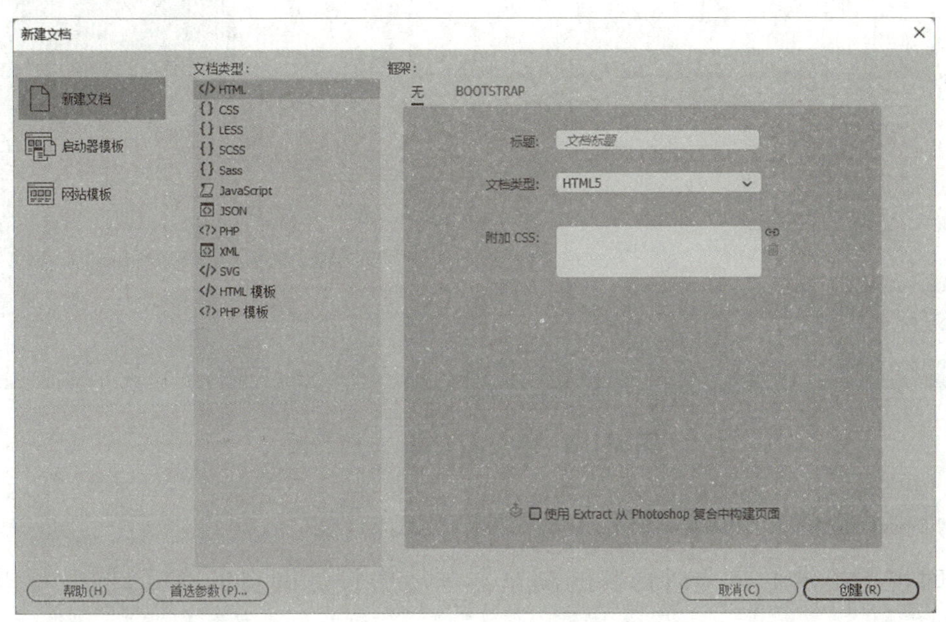

图 3-2-1 新建文档对话框

该对话框被分割成 3 个部分，从左到右分别是模板使用列表、“文档类型”列表和“框架”。模板使用列表列出了新建文档、启动器模板、网站模板。“文档类型”列表列出了可以使用的页面类型。“框架”部分列出了标题、文档类型、附加 CSS 等信息。

如果用户需要新建空白的 HTML 文档，可以在模板使用列表中选择“新建文档”，在“文档类型”列表中选择“</>HTML”项目；如果用户需要使用 Dreamweaver 2021 提供的 HTML 模板，则可以在“文档类型”列表中选择“</>HTML 模板”，然后单击“创建”按钮，即可弹出图 3-2-2 所示的新建 HTML 文档界面。

注意：

在 Dreamweaver 2021 中，第一个新建文档的默认名为 Untitled-1，第二个新建文档的默认名为 Untitled-2，以此类推。

Dreamweaver 2021 提供了 4 种文档的编辑和浏览模式，可以在文档工具栏中进行设置，分别是代码模式、拆分模式、设计模式和实时视图。

(1)在代码模式下，可以直接编辑当前网页文档的 HTML 代码。

(2)拆分模式则提供了网页的 HTML 代码和在所见即所得模式下的对比编辑和浏览。

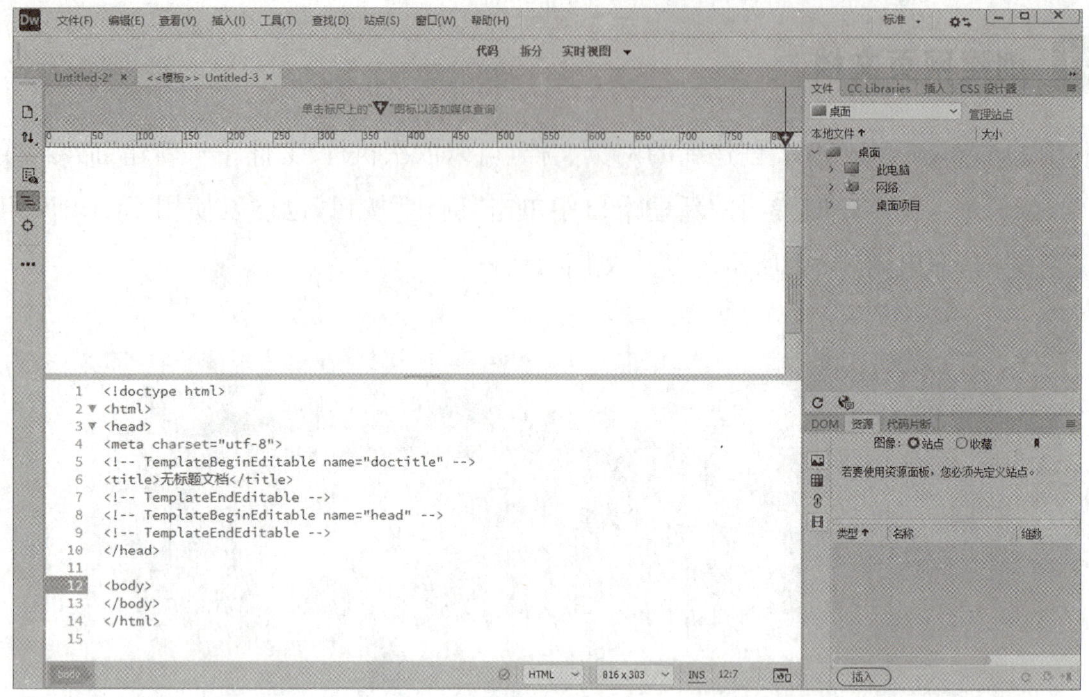

图 3-2-2　新建 HTML 文档界面

（3）设计模式提供了所见即所得的网页编辑模式。

（4）实时视图提供了在类似真实的浏览器环境中设计网页的方式，同时可以直接访问代码。

3.2.2 设置页面属性

页面属性设置用于对当前网页页面基本属性进行集中的设置，可以设置的页面属性包括外观（CSS）、外观（HTML）、链接（CSS）、标题（CSS）、标题/编码及跟踪图像。

单击“标签栏”的“页面属性”按钮，弹出“页面属性”对话框，如图 3-2-3 所示，在此集中设置当前网页页面的属性。

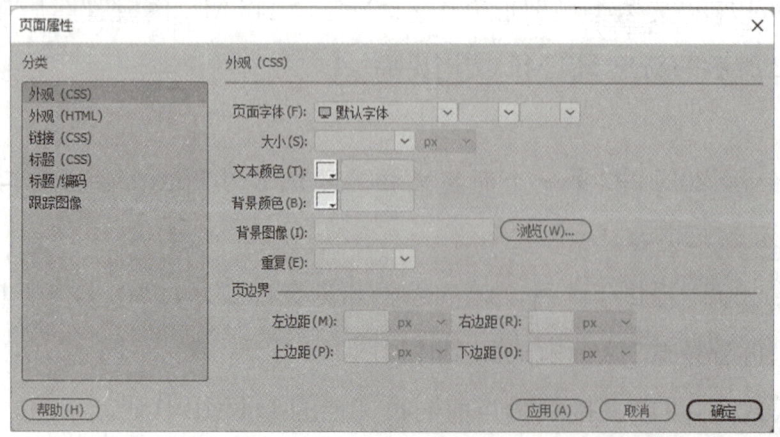

图 3-2-3　“页面属性”对话框

用户可先在左边的列表框中选择相应的属性设置的分类，然后在右边窗口中设置“页面字体”“文本颜色”等属性。设置完成后，单击“应用”按钮，保存当前设置的文档，或单击“确定”按钮，保存设置并关闭对话框。

3.2.3 保存并预览网页文档

1. 保存网页

网页编辑完成后，需要及时保存。对于新建的网页文档，如果用户第一次执行“文件”→“保存”命令，就会弹出图 3-2-4 所示的“另存为”对话框。此后，用户再执行“保存”命令时，系统将不再出现“另存为”对话框，而是直接保存当前的文档。

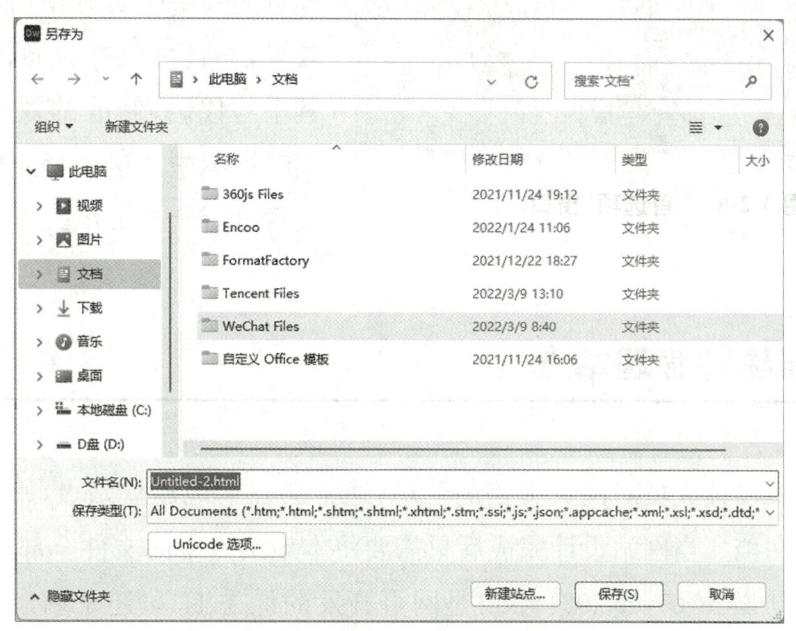

图 3-2-4 “另存为”对话框

在“文件名”下拉列表框中输入需要保存的文档的文件名，在“保存类型”下拉列表框中选择需要保存的文件的类型，然后单击“保存”按钮即可。此处选择的文档类型可以是.html 或.htm。

文件保存后，如果需要换名保存，可以执行“文件”→“另存为”命令，弹出“另存为”对话框，进行重新命名并保存。

2. 预览网页

网页编辑完成后，为了浏览网页的效果，可以单击主工作区右下角的▣图标，并在弹出的选项中选择自己喜欢的浏览器。本书使用 Microsoft Edge 浏览器预览，如图 3-2-5 所示。

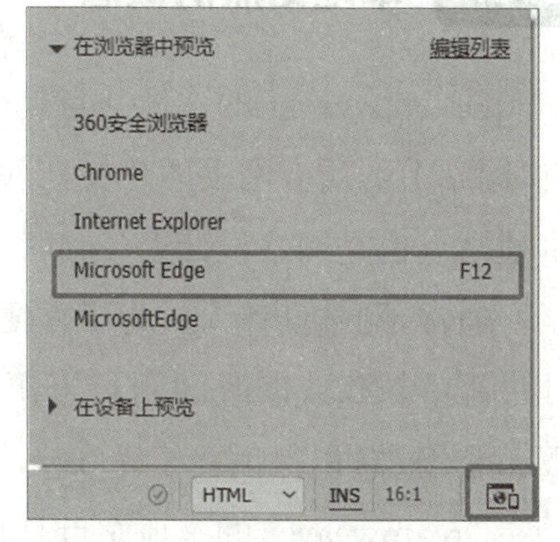

图 3-2-5 选择 Microsoft Edge 浏览器预览

注意：

在开发过程中，为了提高效率，使用浏览器预览操作可以自定义快捷键，在图 3-2-5 中单击“编辑列表”链接，弹出“首选项”对话框，在该窗口的实时预览中可以设置特定浏览器的快捷方式，如图 3-2-6 所示。

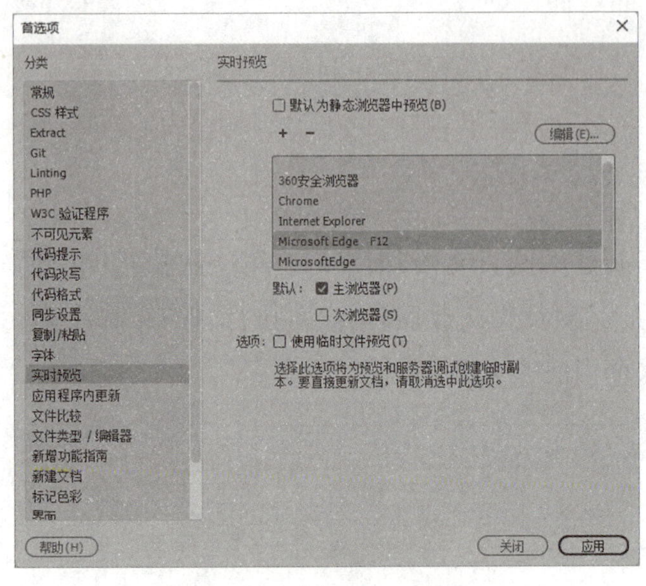

图 3-2-6 “首选项”窗口

在“实时预览”界面中可以设置主浏览器的快捷键为 F12，次浏览器的快捷键为 Ctrl+F12。

上述讲解使用 Dreamweaver 2021 预览的效果是实时预览及随时预览网页效果，并且可以在预览网页的同时修改其中的代码，修改的效果会立即反映在实时视图中。这一特点极大地方便了开发者进行开发工作。

3.3 创建和管理站点

为了方便网页设计人员对网页文档的管理，通常会在本地建立站点，用于存放网站设计阶段编辑的网页文档。当网站设计完成后只需要将本地站点中的文件全部通过 FTP 方式上传到远程站点。Dreamweaver 2021 不仅是网页开发的优秀工具，还是创建和管理站点的优秀工具。

3.3.1 本地站点的概念

Dreamweaver 的本地站点是一个管理网页文档的场所，它是一个存放网页文档的文件夹，网站上的所有网页图片文档和图片的资源文件都存放在站点文件夹下。Dreamweaver 的本地站点也是网站设计人员临时存放网页和资源文件的地方。

通常，网站设计人员为了方便制作网页，都会在本地新建一个文件夹，用于存放在网页设计过程中新建或修改的网页资源文件，制作完成后，再将该目录下的文件全部导入远程的 Web 服务器，以保证在编辑和修改网页文档时不会影响用户对已有网站内容的访问。

Dreamweaver 的本地站点是与 Web 站点完全同步的文件夹，它与远程服务器上目录的层次和结构完全相同。网站设计人员在创建本地站点的时候，如果是升级原有的网站，通常会从已有的 Web 站点向本地站点导入文件，升级完成后，再导回 Web 站点。

注意：

Dreamweaver 2021 具有强大的站点管理功能，可以实现站点的即时修改，帮助用户管理和维护整个站点的所有文档。它还可以自动更新和修复文档中的链接和路径，以及实现远程站点和本地站点文档的同步与更新。

3.3.2 创建站点

在 Dreamweaver 2021 中创建站点需要执行“站点”→“创建站点”命令，弹出“站点设置对象”对话框，如图 3-3-1 所示。

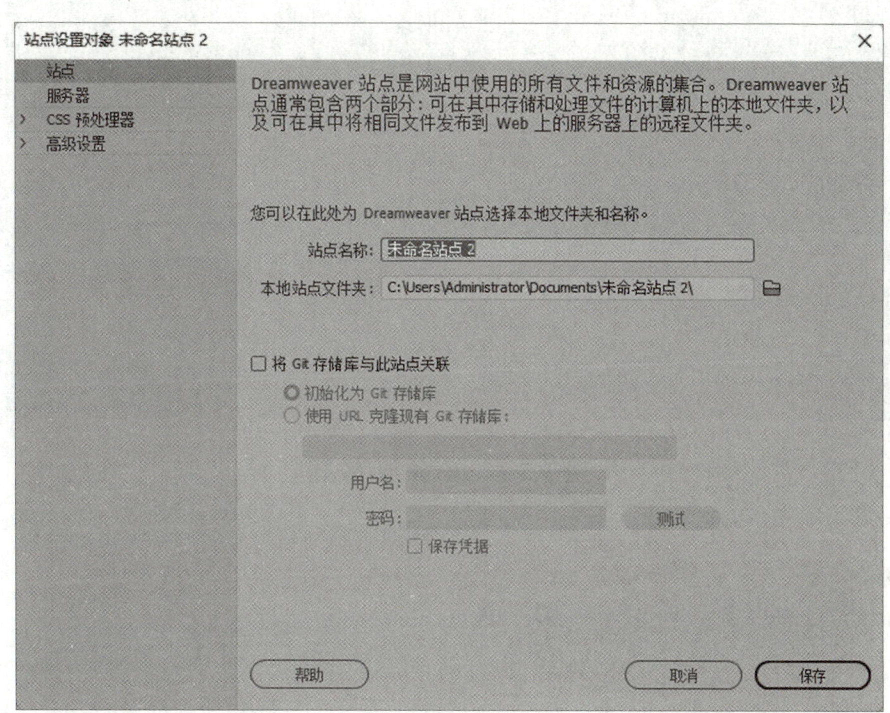

图 3-3-1 “站点设置对象”对话框

设置站点名称为“Mysite”，并设置本地站点文件夹（HTTP 地址为存放 html 文件的地址）。最后单击“保存”按钮就创建了一个名称为“Mysite”的站点，如图 3-3-2 所示。

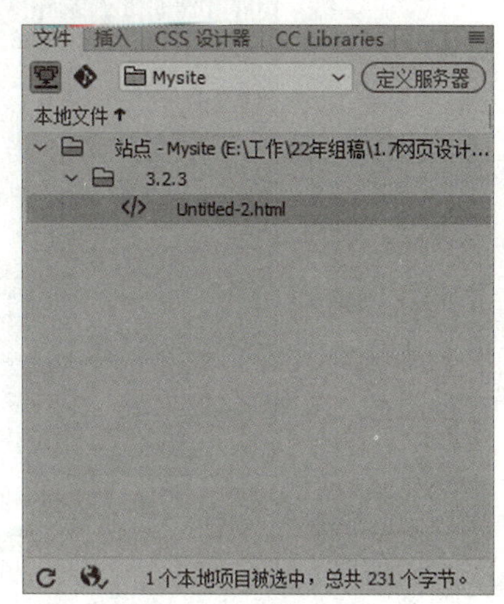

图 3-3-2 创建完成后的站点

除此之外，还可以设置站点的服务器。单击图 3-3-2 中的“定义服务器”按钮，弹出设置服务器的对话框，如图 3-3-3 所示。

单击 + 按钮，添加服务器的基本信息，如图 3-3-4 所示。

根据提示填写服务器的基本信息，需要注意的是，

FTP 地址代表的是网站所在服务器的 IP 地址。

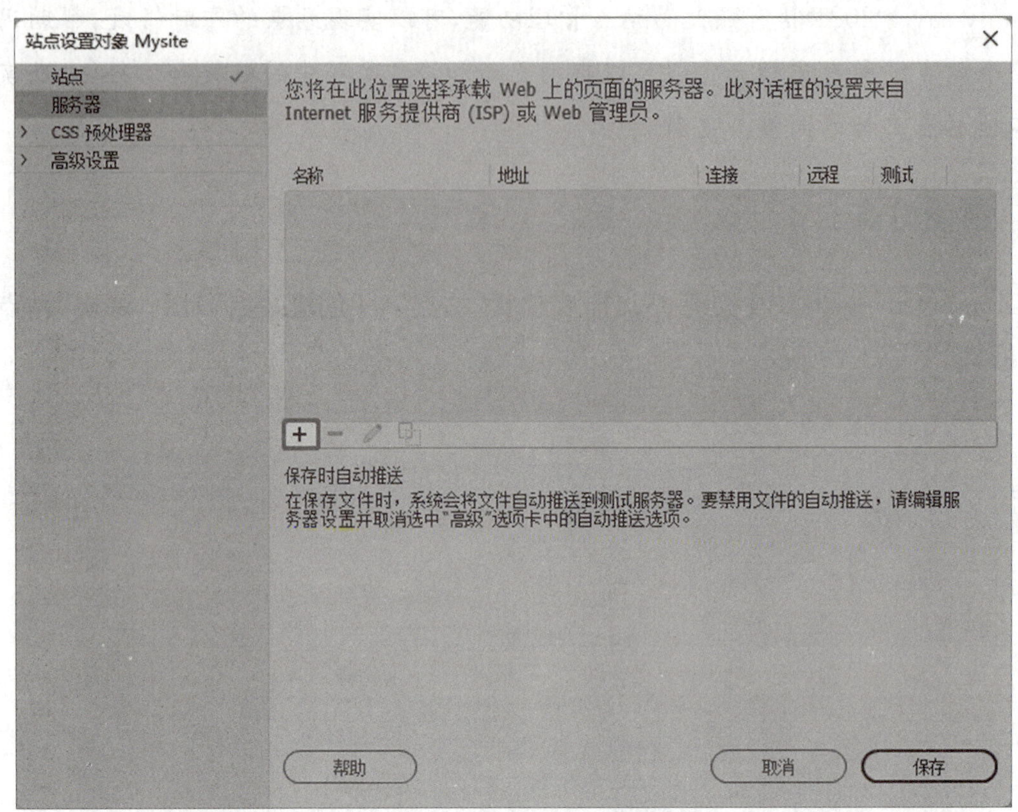

图 3-3-3　设 置 服 务 器

图 3-3-4　添加服务器的基本信息

3.3.3 管理站点

在 Dreamweaver 2021 中创建站点后，可以根据实际需要对站点进行编辑。如果需要创建的站点在 Dreamweaver 2021 中已经存在类似的，还可以首先复制相似的站点，然后对其进行编辑修改。对于不需要的站点，还可以在 Dreamweaver 2021 中进行删除操作。如果需要多人合作开发网站，就可能会在多台计算机中存在相同的站点设置，此时可以从已经设置好的一台计算机中将站点导出，然后再到需要的计算机上导入站点。

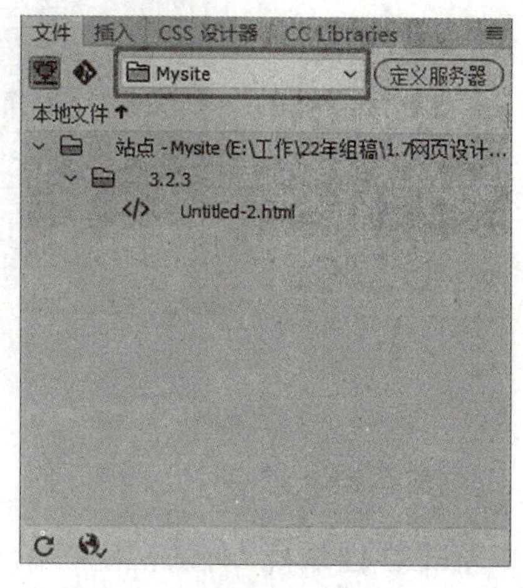

图 3-3-5　站点窗口的下拉列表框

可以在 Dreamweaver 2021“管理站点”对话框中进行站点的新建、编辑、复制、删除、导出和导入的管理操作。单击站点窗口中的下拉按钮，在下拉列表框(见图 3-3-5)中选择“管理站点...”选项，如图 3-3-6 所示。弹出图 3-3-7 所示的“管理站点”对话框。

在“管理站点”对话框的上方是当前已存在站点的列表，下方是用于管理站点的操作按钮。

图 3-3-6　选择“管理站点...”

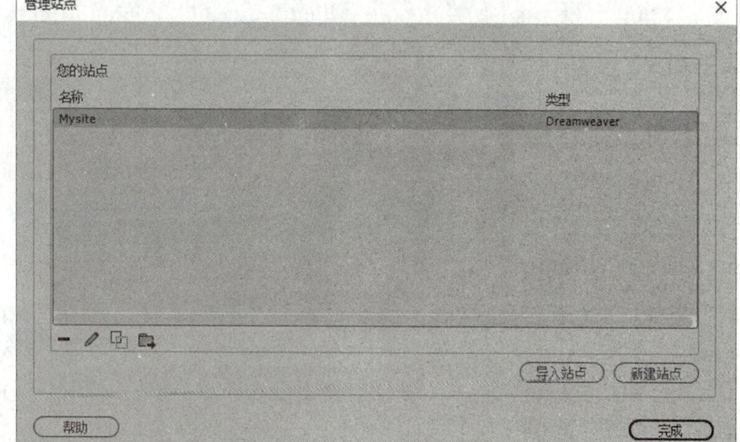

图 3-3-7　“管理站点”对话框

1. 编辑

编辑是指对已有站点进行适当的参数修改，使之更加符合实际的需要。

在“管理站点”对话框上方的站点列表中选择需要编辑的站点名称，单击下方的按钮，弹出与新建站点高级模式相似的对话框，在其中对站点参数进行修改，如图 3-3-8 所示。

2. 复制

复制就是以已有的站点为蓝本，新建一个与该站点设置相同的副本。被复制的站点称为源站点。当需要建立的站点与一个已有的站点类似时，就可以先复制一个源站点的副本，然后修改设置，这样可以加快新建站点的速度。

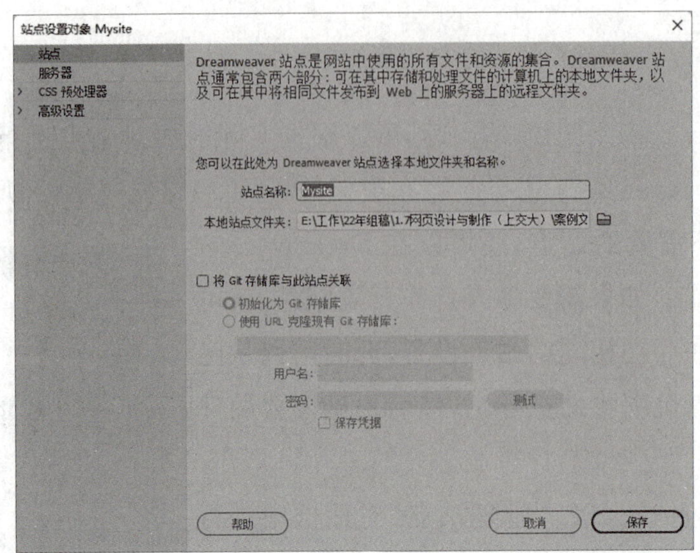

图 3-3-8　修改站点参数信息

在“管理站点”对话框上方的站点列表中选择源站点的名称，然后单击按钮，即可创建一个副本，如图 3-3-9 所示。

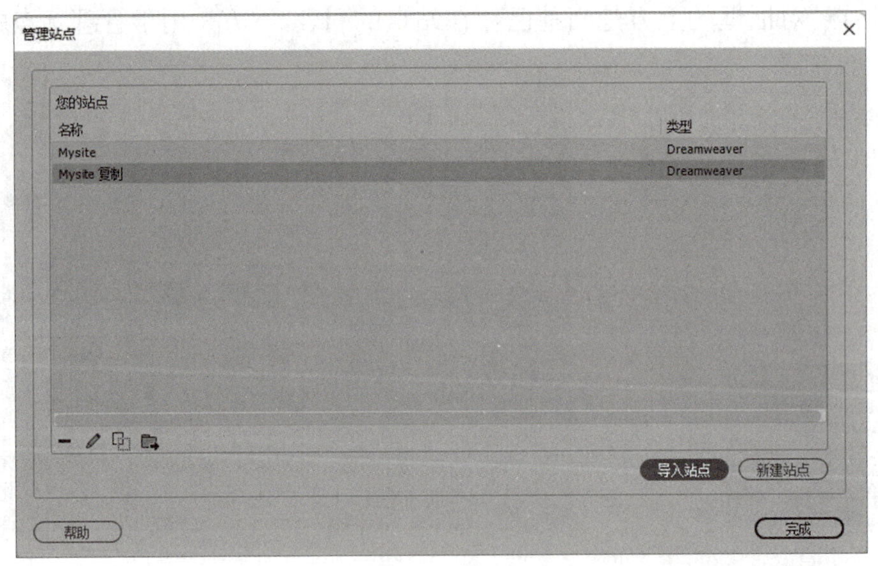

图 3-3-9　复 制 站 点

3. 删除

删除就是将不需要的站点从 Dreamweaver 2021 中移除，但远程站点仍然存在，只是切断了它与本地站点之间的联系。删除站点操作是不可逆转的操作，所以在执行删除站点操作的时候要格外小心。

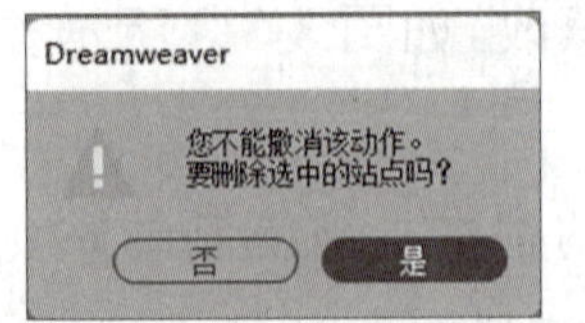

图 3-3-10　删除站点确认对话框

在“管理站点”对话框上方的站点列表中选择需要删除的站点的名称，单击下方的按钮，此时系统会弹出图 3-3-10 所示的确认对话框。单击“是”按钮，即可删除选中的站点。

4. 导出

导出是指将站点的设置导入一个文件中，下次需要设置相同站点的时候，可以通过直接导入该文件的方式来建立站点。

在“管理站点”对话框上方的站点列表中选择需要导出的站点的名称，然后单击下方的按钮，弹出图 3-3-11 所示的“导出站点”对话框。

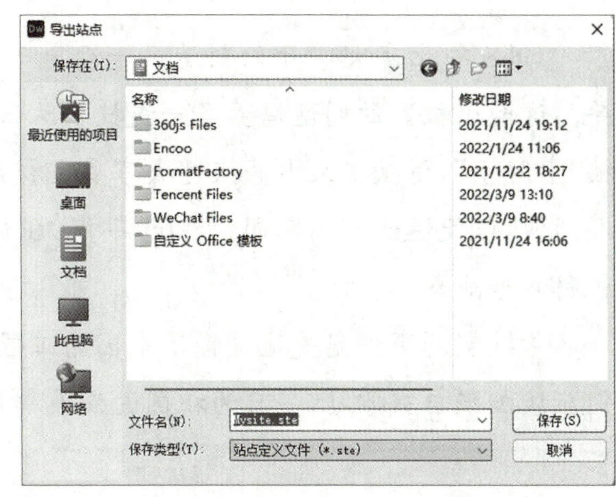

图 3-3-11 “导出站点”对话框

5. 导入

导入就是使用已有的站点导入文件新建站点的一种方法。新建的站点名称和设置与导出的站点相同。

单击“管理站点”对话框下方的“导入站点”按钮，弹出图 3-3-12 所示的“导入站点”对话框。选中事先保存的站点定义文件(后缀为.ste)后，单击“打开”按钮，即可将站点导入文件。

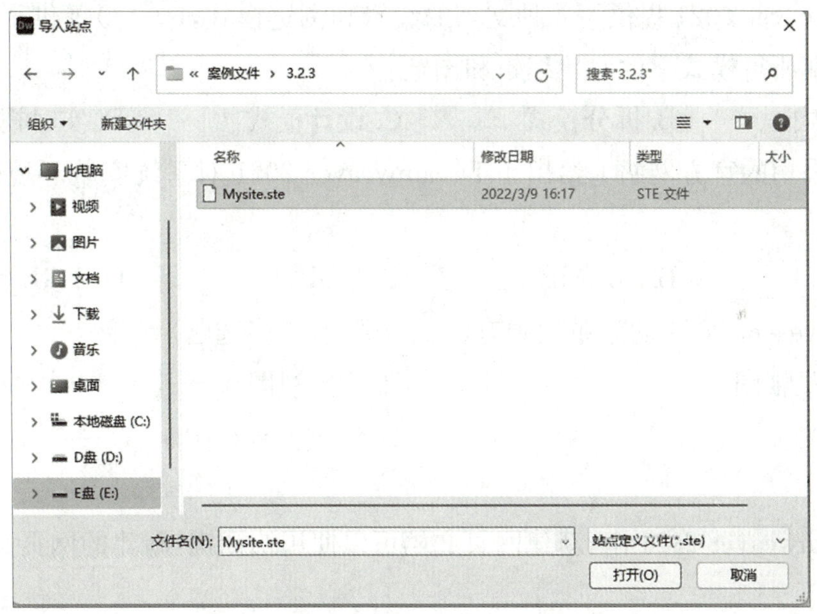

图 3-3-12 “导入站点”对话框

思政园地

说到中国软件的发展不得不提到一个人——董铁宝，在 1956 年到 1966 年的 10 年中，中国的计算机事业还处于创业阶段，当时计算机科学这个名词也还未形成。董铁宝在中国科学院计算技术研究所和北京大学计算数学教研室工作，从计算力学、计算数学，一直延伸到程序编制、计算机设计的原理等都是他从事的工作范围。

1958年北京大学开始制造第一台电子计算机,得到了董铁宝的积极支持和具体指导。这台小机器的制造培养了一支技术队伍。1964年,中国有些计算机因为外部设备而被“卡脖子”,董铁宝又大声疾呼大家要重视外部设备,还亲自动手,去请教熟悉情况的工人师傅,以便迅速解决问题。1965年,他积极提倡、关心筹办信息处理转换专业(即计算机科学专业)。

董铁宝的事件完美地诠释了中国的工匠精神,其已经成为全社会推崇的标榜。读者们应该加强自我学习,早日为祖国的发展奉献一份力量。

习题

一、选择题

1. Dreamweaver 2021 提供了4种文档的编辑和浏览模式,(　　)提供了网页的 HTML 代码和在所见即所得模式下的对比编辑和浏览。

A. 代码模式　　B. 拆分模式　　C. 设计模式　　D. 实时视图

2. Adobe公司的官方网站上给出了 Dreamweaver 2021 对系统安装环境的要求,其中内存容量要求为(　　)。

A. 256 MB　　B. 512 MB　　C. 1 GB　　D. 2 GB

3. Dreamweaver 2021 的菜单栏中有(　　)视图。(多选题)

A. 开发人员视图　　B. 标准视图

C. 经典视图　　D. 双重屏幕视图

二、填空题

1. 在 Dreamweaver 2021 中,新建网页文档可以使用快捷键,新建的网页文档默认的名称是__________。

2. Dreamweaver 2021 提供的编辑模式有代码模式、拆分模式和__________。

3. Dreamweaver 的__________是一个管理网页文档的场所,它是一个存放网页文档的文件夹,网站的所有网页图片文档和图片的资源文件都存放在站点文件夹下。

4. Dreamweaver 2021 的优势在于它不仅是优秀的__________编辑软件,同时兼顾了__________的编辑。

5. 在 Dreamweaver 2021 中创建站点需要先执行__________命令,弹出“站点设置对象”窗口。

三、简答题

1. 简述 Dreamweaver 2021 的主要功能。

2. 简述安装 Dreamweaver 2021 需要的系统环境支持。

四、操作题

1. 创建一个空白网页，设置网页属性，要求如下。

(1)页面宽为 778 px，高为 600 px。

(2)默认使用字体为宋体，字号为 14 号，字体颜色为黑色，左右边距为 4 px，上下边距为 4 px。

2. 在 Dreamweaver 2021 中定义一个名称为 Karen 的站点，文件保存位置为 D:\Karen。

模块 4

HTML5 语言

Dreamweaver 2021 是网站开发者最常用的工具之一，本模块将使用 Dreamweaver 2021 讲解 HTML 语言的使用。HTML 是网页设计的标准语言，即网页结构化语言。无论网页的设计者使用什么样的工具来制作网页，他们都是在 HTML 的基础上完成的。

本模块将具体介绍 HTML 的常用标记及其一般的使用方法。

学习目标

- 掌握 HTML5 的基本结构与基本标记。
- 掌握 HTML5 的文档标记。
- 掌握 HTML5 的图像标记。
- 掌握 HTML5 的表格标记。
- 掌握 HTML5 超链接的应用。
- 了解 XML 的发展和作用。

4.1 HTML5 语言简单介绍

在 HTML5 出现之前，各个浏览器厂商对 HTML、JavaScript 的支持很不统一，这样就造成同一页面在不同浏览器中显示效果不同的情况。HTML5 的出现对 Web 来说意义重大，本小节将详细介绍 HTML5 的基本结构与基本标记。

4.1.1 HTML5 概述

在模块 1 中已经简单介绍过 HTML 语言是一种用于表示网页信息的符号标记语言。一个 HTML 文件是由一系列元素和标签组成的。元素是 HTML 文件的重要组成部分，如 title（HTML 文件标题）、img（图像）、table（表格）等。元素名不区分大小写。HTML 用标签来规定元素的属性和其在文件中的位置。

HTML 的标签一般成对出现，但也会单独出现。首标签的格式为<元素名称>，尾标签的格式为</元素名称>，其完整的语法如下：

```
<元素名称>被控制的元素</元素名称>
```

成对标签仅对包含于其中的内容起作用。例如，<title>和</title>标签用于界定标题内容，也就是说，<title>和</title>之间的内容是此 HTML 文件的标题。

单独标签格式为<元素名称>，其作用是在相应的位置插入元素。例如，
标签便是在该标签所在的位置插入一个换行符。

在每个 HTML 标签中还可以设置一些属性，控制 HTML 的元素，这些属性位于所建立元素的首标签内，其基本语法如下：

```
<元素名称 属性 1 = "值 1" 属性 2 = "值 2"……>
内容
</元素名称>
```

需要说明的是，HTML 是对大小写不敏感的语言，也就是同一字母的大写和小写字符被认定为同一个字符。例如，<HTML>和<html>的意义是一样的，因此在每一个<html>标签内，大写、小写、混写均可；但如果嵌入其他语言，如 JavaScript，则需要按照其他语言的规范来判断是否区分大小写字符。统一大小写规范是一个优秀的程序编写人员必备的素质，建议大家按照统一的规范编写，本书中范例的标签均采用小写。

注意：

(1)不是所有的标记都必须具有属性项，如换行标记就没有属性项。

(2)属性之间没有先后顺序，在使用时，根据需要可以使用标记的所有属性，也可以只选用几个属性。

(3)属性和标记一样，都不区分大小写。

图文
HTML5 的优点

HTML5 与之前的版本相比有许多改进。

(1)在 HTML4.01 中规定了 3 种不同的文档声明标记，分别是 Strict、Transitional 和 Frameset。但在 HTML5 中仅规定了一种，即<!DOCTYPE html>。

(2)HTML5 添加了很多新的元素，如<canvas>标签用于定义图像，新的媒介标签<audio>定义音频内容、<video>定义视频等。除此之外，还有行的表单元素、语义和结构元素，这些在后续内容中将详细讲解。

(3)HTML5 删除了 11 个元素，具体如下。

①<applet>。

②<basefont>。

③<big>。

④<center>。

⑤<dir>。

⑥<font>。

⑦<frame>。

⑧<frameset>。

⑨<noframes>。

⑩<strike>。

⑪<tt>。

4.1.2 HTML5 基本标记

1. 文档类型标记<! DOCTYPE>

<! DOCTYPE>是文档类型标记，必须位于 HTML5 文档中的第一行，也就是位于<html>标记之前。该标记告知浏览器文档所使用的 HTML 规范。<! DOCTYPE>声明不属于 HTML 标记，它是一种指令，告知浏览器编写页面所用的标记版本，写法如下：

```
<! DOCTYPE html>
```

2. HTML 文档标记<html>

在任何一个 HTML 文件中，最先出现的 HTML 标签就是<html>，它用于表示该文件是以超文本标记语言编写的。<html>是成对出现的，首标签<html>和尾标签</html>分别位于文件的最前面和最后面，文件中所有内容和 HTML 标签都要包含在其中，写法如下：

```
<html>
文件内容
</html>
```

HTML 标签不带任何属性。

3. 头部标记<head>

HTML 的头元素一般需要包括标题、基底信息、元信息等。HTML 的头元素是以<head>为开始标记，以</head>为结束标记的。一般情况下，CSS 和 JavaScript 都定义在头元素中，而定义 HTML 头部的内容往往不会在网页上直接显示，它用于设定当前文档的相关信息。头部标记见表 4-1-1。

表 4-1-1 头部标记

标　　记	描　　述
<base>	当前文档的 URL 全称(基底网址)
<base font>	设定基准的文字字体、字号和颜色
<title>	设定显示在浏览器左上方的标题内容
<is index>	表明该文档是一个可用于检索的网关脚本,有服务器
<meta>	设定有关文档本身的元信息,如用于查询的关键字、该文档的有效期等
<style>	设定 CSS 层叠样式表的内容
<link>	设定外部文件的链接
<script>	设定页面中程序脚本的内容

<head>与</head>之间的内容不会在浏览器的文档窗口显示,但是其间的元素有特殊重要的意义。

4. 标题标记<title>

每个 HTML 文件都需要有一个文件名称。在浏览器中,文件名称作为窗口名称显示在该窗口的上方。这对浏览器的收藏功能很有用,如果浏览者认为某个网页对自己很有用,可以选择浏览器“收藏”菜单中的“添加到收藏夹”命令,将它保存起来,供以后调用。网页的名称应写在<title>和</title>之间,并且<title>标签应包含在<head>与</head>标签之中。

HTML 文件标签是可以嵌套的,即在一对标签中可以嵌入另一对子标签,用来规定母标签范围的属性或其中某一部分内容,嵌套在<head>标签中的主要是<title>标签。下面通过示例演示<title>的使用,代码如下:

```
<!DOCTYPE html>
<html>
<head>
<meta charset = "utf-8">
<title>标题样例</title>
</head>
<body>
</body>
</html>
```

在 Dreamweaver 2021 中运行上述代码,得到图 4-1-1 所示的结果。

图 4-1-1 标题样例的显示结果

5. 主体标记<body>

网页所要显示的内容都被放在网页的主体标记内,是 HTML 文件的重点。主体标记以<body>开始，以</body>结束，语法如下：

```
<body>
…
</body>
```

4.2 文档标记

在多数网页中，文档是核心内容，所以经常要设置文档的格式和标记，包括标题和文字的字体、字号、字形、颜色，以及段落格式、文本布局等。

4.2.1 段落标记

1. 换行标记

段落与段落之间是需要换行的，这时就需要使用换行标记
。
 元素是一个空的 HTML 元素。由于关闭标签没有任何意义，因此它没有结束标签。下面通过示例演示
的使用，代码如下：

```
<!DOCTYPE html>
<html>
<head>
<meta charset = "utf-8">
<title>换行样例</title>
</head>
<body>
HTML(hypertext markup language,超文本标记语言)诞生于 20 世纪 90 年代初，用于指定构建网页的元素，这些元素中的大多数都用于描述网页内容，如标题、段落、列表、指向其他网页的链接等。<br>HTML5 是 HTML 的最新版本，它的大部分内容都可以兼容新旧浏览器，并新增了大量新的功能。HTML5 还引入了原生的音频和视频播放功能。<br>
</body>
</html>
```

在 Dreamweaver 2021 中运行上述代码，得到图 4-2-1 所示的结果。

2. 段落标记<p>

由于 HTML 的浏览器是基于窗口的，其大小可以随意改变，所以 HTML 将多个空格以及回车等效为一个空格，HTML 的分段完全依赖于分段标记<p>。下面通过示例演示

<p>的使用，代码如下：

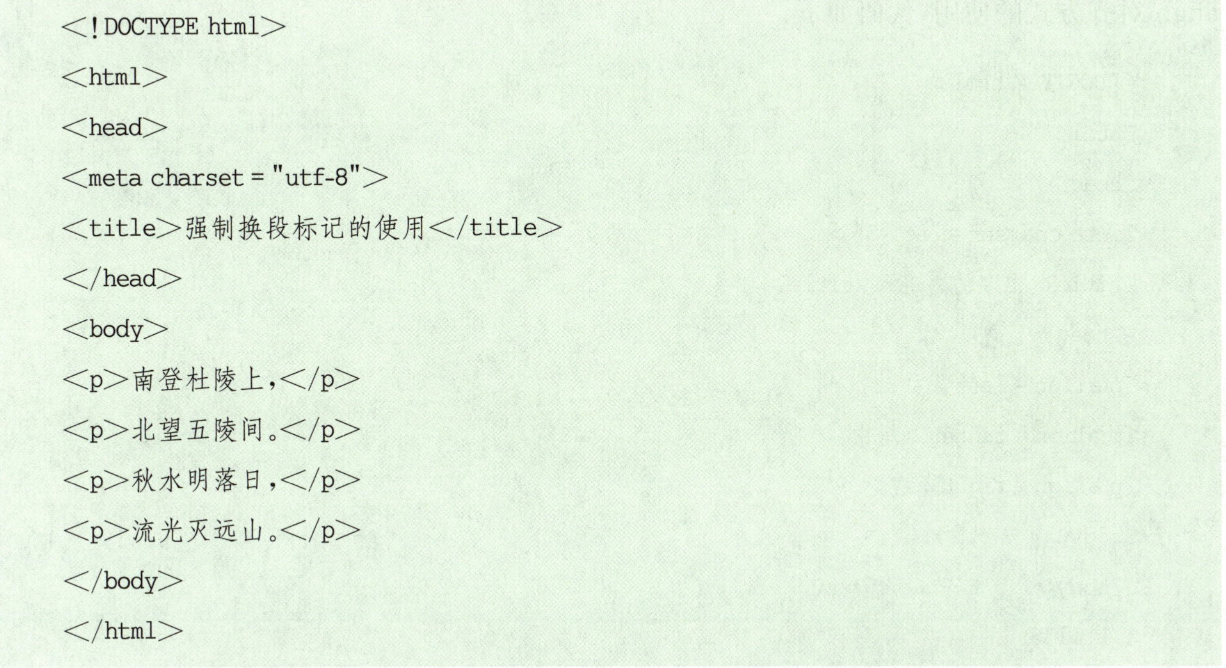

```
<!DOCTYPE html>
<html>
<head>
<meta charset="utf-8">
<title>强制换段标记的使用</title>
</head>
<body>
<p>南登杜陵上，</p>
<p>北望五陵间。</p>
<p>秋水明落日，</p>
<p>流光灭远山。</p>
</body>
</html>
```

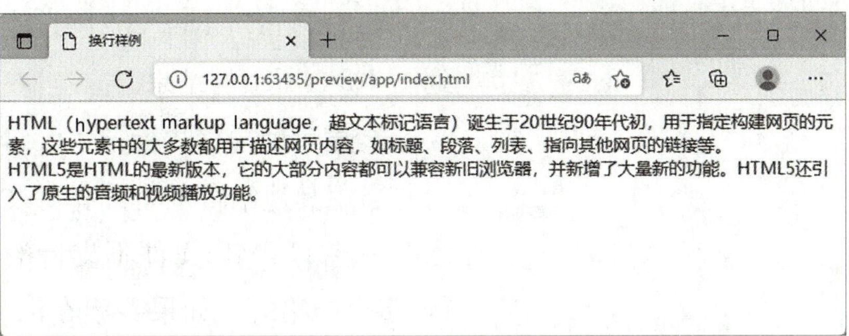

图 4-2-1　换行标记的效果

在 Dreamweaver 2021 中运行上述代码，得到图 4-2-2 所示的结果。

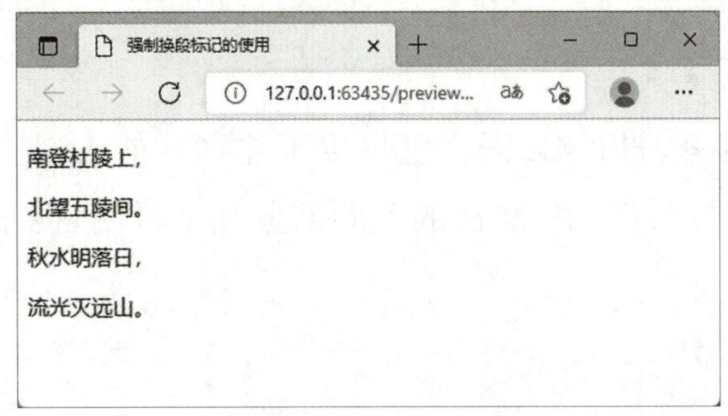

图 4-2-2　换段标记的效果

<p>有多种属性，比较常用的属性是 align 对齐方式，文字对齐的基本用法为：

```
<p align=属性值>…</p>
```

align的属性值可以是left(左对齐)、center(居中)或right(右对齐)。下面通过示例演示align对齐方式的使用，代码如下：

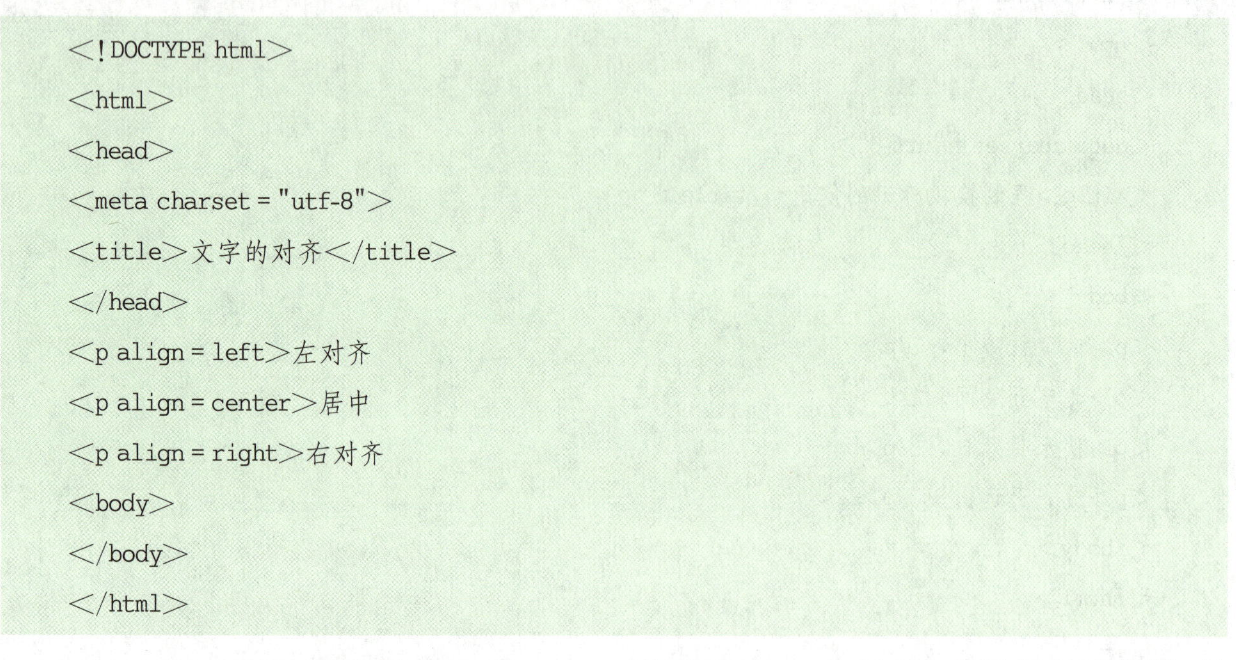

```
<!DOCTYPE html>
<html>
<head>
<meta charset = "utf-8">
<title>文字的对齐</title>
</head>
<p align = left>左对齐
<p align = center>居中
<p align = right>右对齐
<body>
</body>
</html>
```

在Dreamweaver 2021中运行上述代码，得到图4-2-3所示的结果。

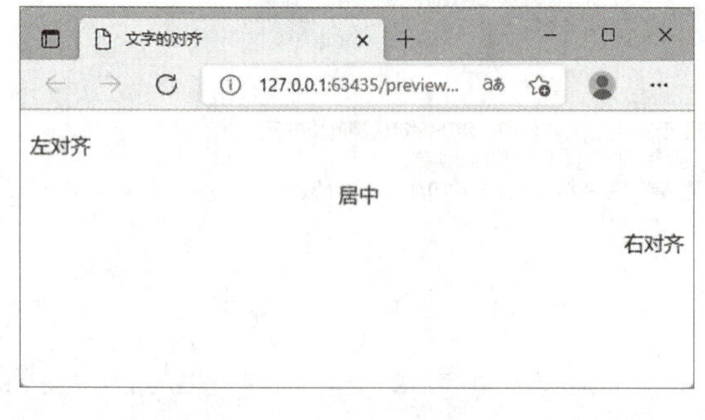

图4-2-3　文字的对齐应用效果

3. 显示预排格式标记<pre>

当用其他编辑工具编排好文字后，其中很可能有一些HTML文件不支持的控制符号，如回行、多个空格等。如果希望在浏览网页时仍保留在编辑工具中已经排好的段落格式，可以使用<pre>标记将预先排好的格式保留下来。显示预排格式标记的语法如下：

```
<pre>预先排好的格式</pre>
```

4. 注释标记

与许多计算机语言一样，HTML语言也提供了注释功能。浏览器遇到注释标记就会自动忽略此标记中的内容。为HTML文档的不同部分加上说明，便于日后的阅读和修改。注释标记的语法如下：

```
<!--注释内容-->
```

图文

认识div对象

5. 分区显示标记<div>

<div>标记常用来排版较长的HTML段落，也可以用于格式化表，此标记的用法与段落标记<p>非常相似。

6. 插入水平线标记<hr>

在网页上插入水平线，可以将具有不同功能的文字、图片、表格等进行分隔，使网页看起来更加整齐。

下面通过示例演示水平线标记<hr>的使用，代码如下：

```
<!DOCTYPE html>
<html>
<head>
<meta charset="utf-8">
<title>水平线标记的使用</title>
</head>
<hr>
<body>
</body>
</html>
```

在 Dreamweaver 2021 中运行上述代码，得到图 4-2-4 所示的结果。

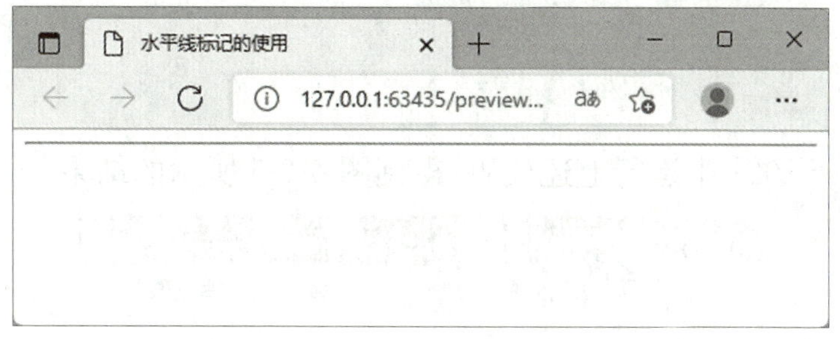

图 4-2-4　水平线标记的效果

4.2.2 文本标记

1. 标题标记<hn>

标题标记主要的功能是设置各种大小不同的标题，其格式如下：

```
<h1>…</h1>
<h2>…</h2>
…
<h6>…</h6>
```

HTML5 语言提供了一系列对文本中的标题进行操作的标记，一共有 6 对标题标记对。<h1>…</h1>是最大的标题，而<h6>…</h6>则是最小的标题。标记中“h”后面的数

字代表标题的级别，该数字越大标题文本就越小。如果 HTML5 文档中需要输出标题文本，就可以使用这 6 对标题标记对中的任意一对。下面通过示例演示 6 对标题标记对的使用，代码如下：

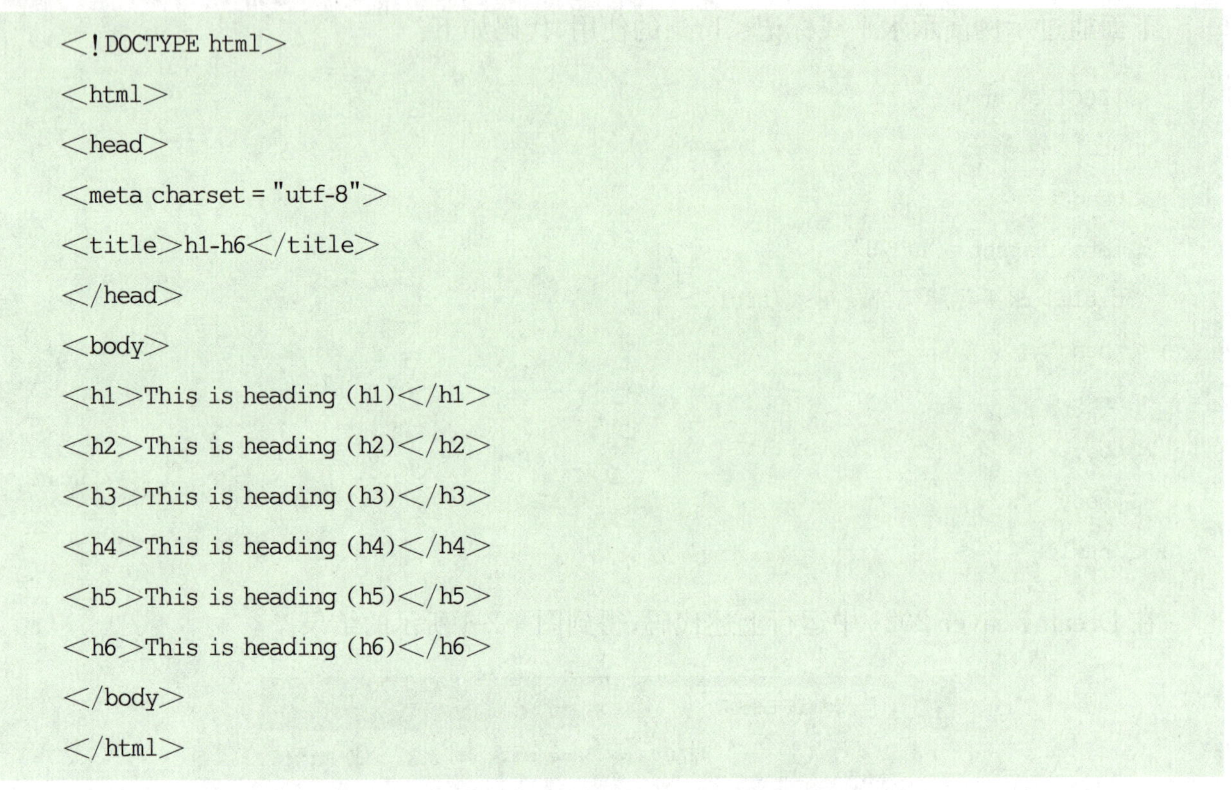

```
<!DOCTYPE html>
<html>
<head>
<meta charset="utf-8">
<title>h1-h6</title>
</head>
<body>
<h1>This is heading (h1)</h1>
<h2>This is heading (h2)</h2>
<h3>This is heading (h3)</h3>
<h4>This is heading (h4)</h4>
<h5>This is heading (h5)</h5>
<h6>This is heading (h6)</h6>
</body>
</html>
```

在 Dreamweaver 2021 中运行上述代码，得到图 4-2-5 所示的结果。

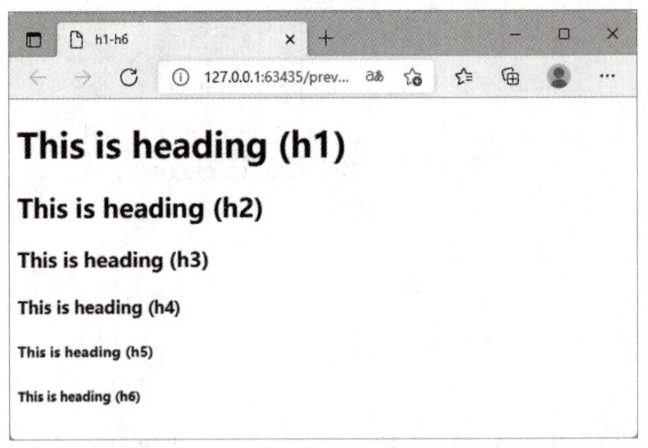

图 4-2-5　6 对标题标记对的使用效果

2. 字体设置标记<font>

字体设置标记主要的功能是设置字体格式，其语法如下：

```
<font>…</font>
```

<font>标记具有 3 个常用的属性：size（大小）、color（颜色）和 face（字体），其功能见表 4-2-1。

表 4-2-1 <font>标记属性表

标记属性	功能
size=size	设置文字的大小
face=fontstyle	设置字体
color=colorvalue	设置文字的颜色

表 4-2-1 中的 size 表示字体的大小，取值范围为 0～7，默认值是 3，取 1 时最小，取 7 时最大。使用相对数值时，可以用“+”或“-”来指定相对于当前默认值的字号。例如，“+2”表示比当前默认字号大 2 号；face 用来设置字体，如宋体、黑体、楷体等；颜色的取值可以是十六进制 RGB 颜色码，也可以是 HTML 语言给定的颜色常量名。

下面通过示例演示字体设置标记的使用，代码如下：

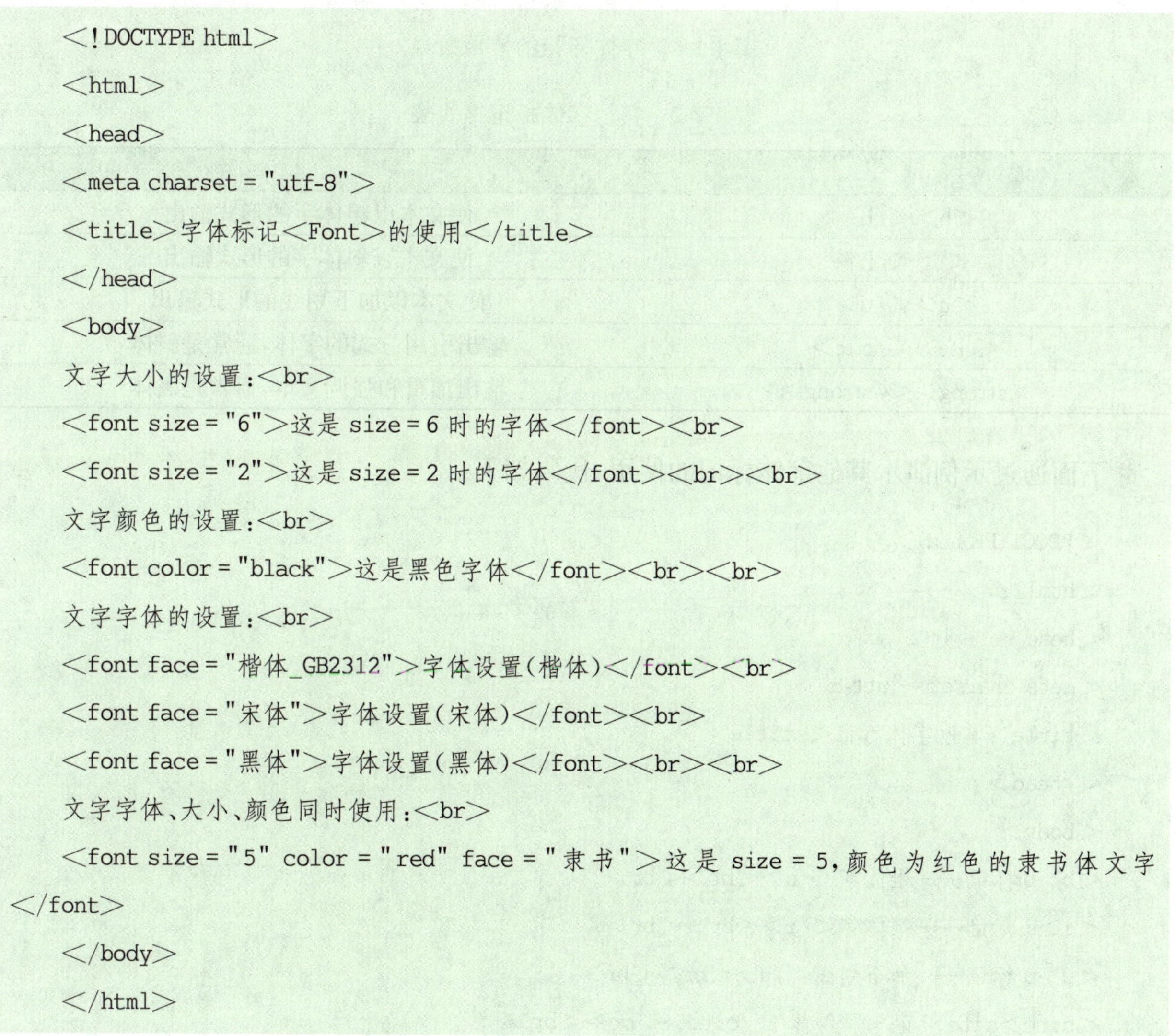

```
<!DOCTYPE html>
<html>
<head>
<meta charset="utf-8">
<title>字体标记<Font>的使用</title>
</head>
<body>
文字大小的设置:<br>
<font size="6">这是 size=6 时的字体</font><br>
<font size="2">这是 size=2 时的字体</font><br><br>
文字颜色的设置:<br>
<font color="black">这是黑色字体</font><br><br>
文字字体的设置:<br>
<font face="楷体_GB2312">字体设置(楷体)</font><br>
<font face="宋体">字体设置(宋体)</font><br>
<font face="黑体">字体设置(黑体)</font><br><br>
文字字体、大小、颜色同时使用:<br>
<font size="5" color="red" face="隶书">这是 size=5,颜色为红色的隶书体文字</font>
</body>
</html>
```

在 Dreamweaver 2021 中运行上述代码，得到图 4-2-6 所示的结果。

3. 其他字体标记

要使文字富于变化，或者特意强调某一部分，可以改变字体的效果，还可设置一些其他的字体标记。标记格式及功能见表 4-2-2。

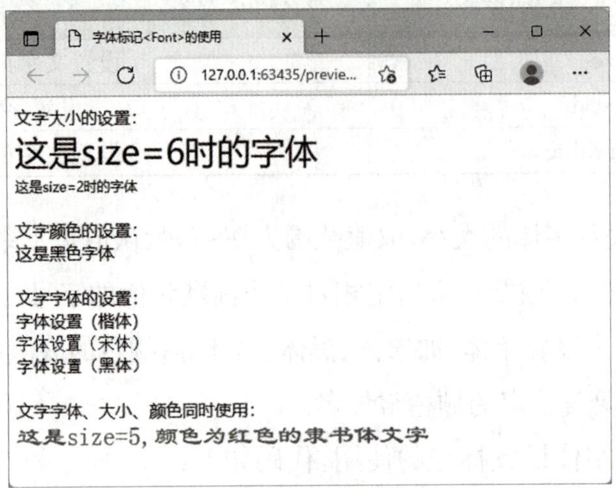

图 4-2-6　字体标记的使用效果

表 4-2-2　其他字体标记格式表

标 记 格 式	功　　能
<b></b>	使文本以粗体字的形式输出
<i></i>	使文本以斜体字的形式输出
<u></u>	使文本以加下划线的形式输出
<cite></cite>	输出引用方式的字体,通常是斜体
<strong></strong>	输出加重和强调文本,通常是黑体

下面通过示例演示其他字体标记的使用,代码如下:

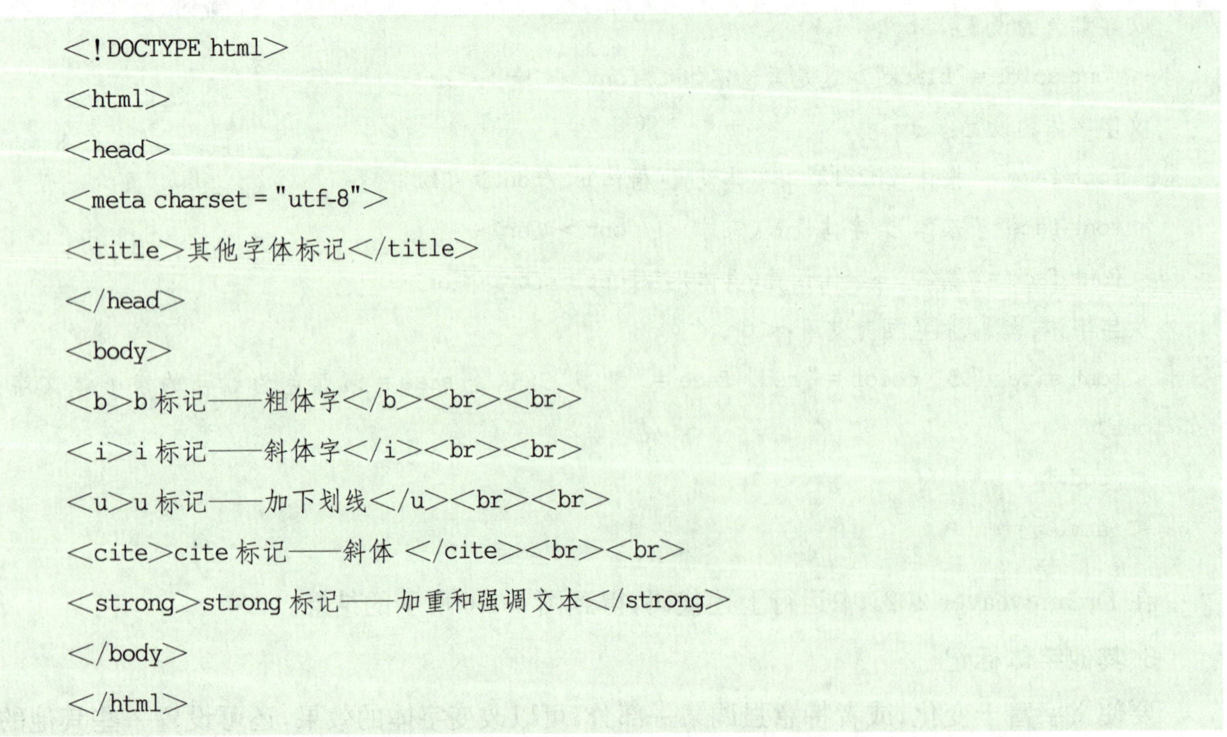

```
<!DOCTYPE html>
<html>
<head>
<meta charset = "utf-8">
<title>其他字体标记</title>
</head>
<body>
<b>b 标记——粗体字</b><br><br>
<i>i 标记——斜体字</i><br><br>
<u>u 标记——加下划线</u><br><br>
<cite>cite 标记——斜体 </cite><br><br>
<strong>strong 标记——加重和强调文本</strong>
</body>
</html>
```

在 Dreamweaver 2021 中运行上述代码，得到图 4-2-7 所示的结果。

需要注意的是，b 是加粗了文本，而 strong 是强调文本，使得搜索引擎更关注 strong 标签下的关键词。

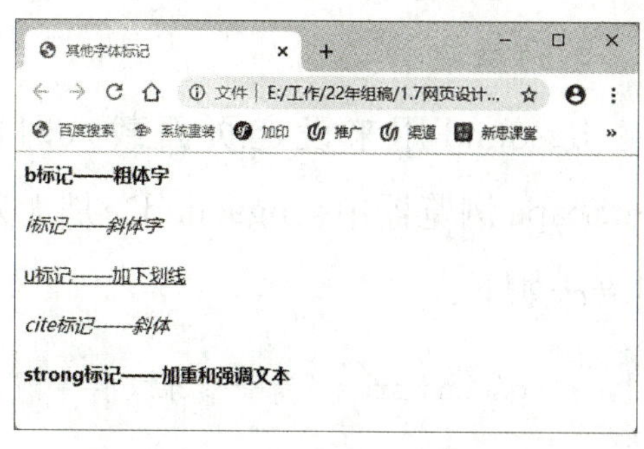

图 4-2-7 其他字体标记的使用效果

4. 背景颜色

设置背景颜色的一般语法如下：

```
<body bgcolor="#rrggbb">或<body bgcolor="colorname">
```

设置颜色值可以用 6 位十六进制的 RGB 值来表示，前两位表示颜色中红色的数量（从 00 到 ff，即 0～255），中间和后面两位分别表示颜色中绿色和蓝色的数量。

设置背景颜色时，颜色值也可以用颜色名称来表示。例如，<body bgcolor="#0000ff">和<body bgcolor="blue">都是将网页背景设置为蓝色。下面通过示例演示背景颜色设置的使用，代码如下：

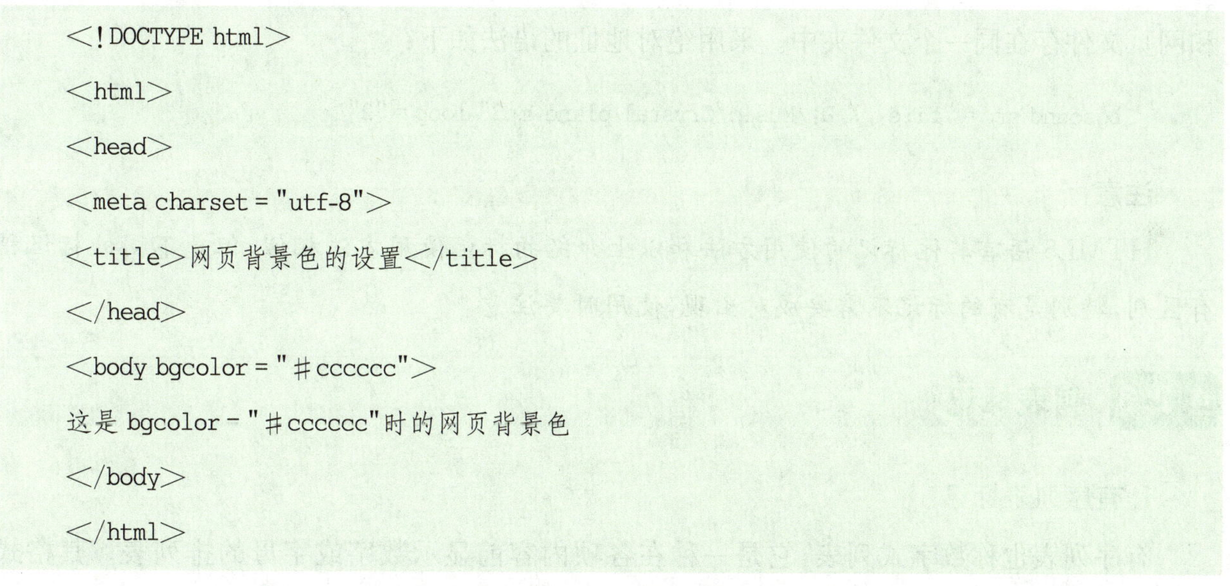

```
<!DOCTYPE html>
<html>
<head>
<meta charset="utf-8">
<title>网页背景色的设置</title>
</head>
<body bgcolor="#cccccc">
这是 bgcolor="#cccccc"时的网页背景色
</body>
</html>
```

在 Dreamweaver 2021 中运行上述代码，得到图 4-2-8 所示的结果。

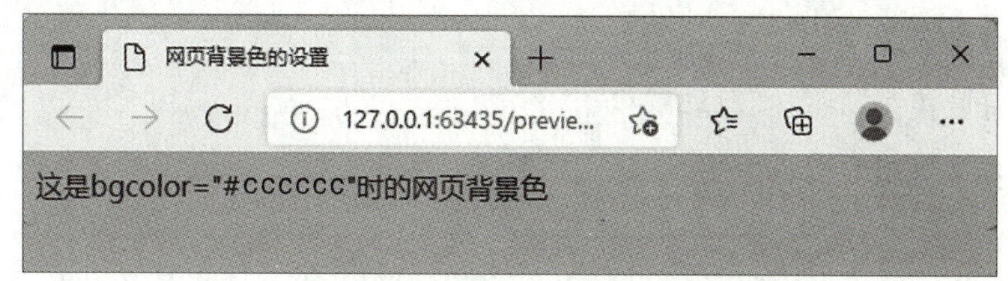

图 4-2-8 背景颜色设置效果

5. 背景音乐

bgsound 用来设定页面载入时的背景音乐，可在浏览器中运行，需要注意的是在 NetScape 浏览器中<bgsound>是无效的。在网页中使用<bgsound>标记创建背景音乐，其语法如下：

```
<bgsound src = "背景音乐文件名或 URL" loop = "背景音乐重复的次数">
```

bgsound 可以放在页面文件中的任何位置，出于阅读代码考虑，一般将其放在标签后的第一个位置上。它有 src 和 loop 两个属性，其中的 src 用来指定音乐文件的具体 URL 路径，音乐文件可以是 WAV、AU 或者 MIDI 等格式；loop 用来指定背景音乐循环播放的次数，当 loop="-1"时，背景音乐将会连续播放，直到浏览器开始载入下一个页面为止。

例如，以下语句将使网页播放“Crystal plane”背景音乐，并且在播放 5 次后结束。

```
<bgsound src = "Crystal plane.mp3" loop = "5">
```

又例如，<bgsound src="Crystal plane. mp3" loop="infinite">将使背景音乐无限循环播放。插入的位置可以采用相对地址，也可以采用绝对地址，采用相对地址时要让音乐文件和网页文件存在同一个文件夹中。采用绝对地址的语法如下：

```
<bgsound src = "file:///D:/Music/Crystal plane.mp3" loop = "2">
```

注意：

HTML5 语言其他标记的使用方法和以上介绍的标记使用方法相似，但是不同的标记稍有区别，特别是有的标记不需要成对出现，使用时要注意。

4.2.3 列表标记

1. 有序列表标记

有序列表也称数字式列表，它是一种在各项内容前显示数字或字母的排列表。其格式如下：

```
<ol type = "符号类型">
<li type = "符号类型">…</li>
<li type = "符号类型">…</li>
</ol>
```

使用<ol>…</ol>标记建立有序列表，使用<li>标记建立列表项。对于<li>…</li>，其开始标记和结尾标记都是必选的，即每个表项的结束就是下一个表项的开始。

<ol>标记符具有两个常用的属性：type 和 start，它们分别用来设置数字序列的样式和起始值。start 属性的值可以是任意整数，type 属性的值见表 4-2-3。

表 4-2-3 有序列表的 type 属性值

值	含义
1	阿拉伯数字 1、2、3 等。此选项为默认值
A	大写字母 A、B、C 等
a	小写字母 a、b、c 等
I	大写罗马数字 Ⅰ、Ⅱ、Ⅲ、Ⅳ等
i	小写罗马数字 i、ii、iii、iv 等

当位于<ol>标记符内时，<li>标记符具有两个常用的属性：type 和 value。

(1)type 属性：用于设置数字样式，取值与<ol>标记符的 type 属性相同。

(2)value 属性：用于指定一个新的数字序列起始值，以获得具有非连续性的数字序列。

下面通过示例演示有序列表标记的使用，代码如下：

```
<!DOCTYPE html>
<html>
<head>
<meta charset = "utf-8">
<title>有序列表示例</title>
</head>
<body>
用大写罗马字母表示的有序列表：
<ol type = "I">
<li>列表项 1</li><li>列表项 2</li><li>列表项 3</li>
</ol>
编号不连续的有序列表
<ol><li>列表项 1</li><li> 列表项 2</li><li value = "5">列表项 3</li></ol>
变换了数字样式的有序列表
<ol><li>列表项 1</li><li>列表项 2</li><li type = "A">列表项 3</li></ol>
</body>
</html>
```

在 Dreamweaver 2021 中运行上述代码，得到图 4-2-9 所示的结果。

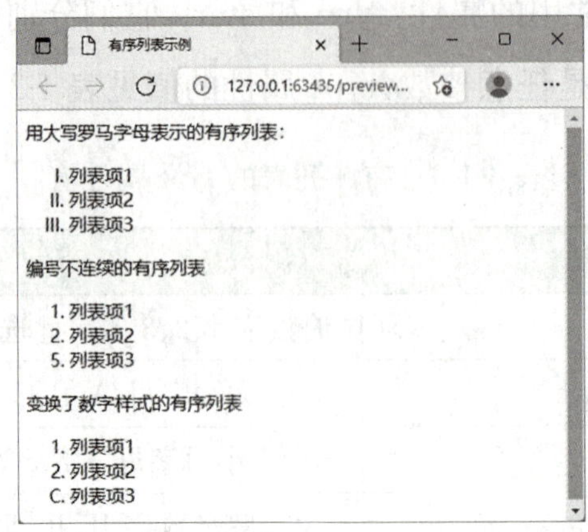

图 4-2-9 有序列表

2. 有序列表的嵌套

如果用户想用不同层次的编号列表来表示页面内容，那么可以使用嵌套的有序列表。在使用嵌套的有序列表时，将相关的列表标记符嵌套使用即可。下面通过示例演示嵌套的有序列表标记的使用，代码如下：

```
<!DOCTYPE html>
<html>
<head>
<meta charset = "utf-8">
<title>嵌套的有序列表</title>
</head>
<body>
<h2>嵌套的有序列表</h2>
<ol type = "A">
<li>列表项 1</li>
  <ol><li>子列表项 1</li>
        <li>子列表项 2</li>
        <li>子列表项 3</li>
  </ol>
<li>列表项 2</li>
<li>列表项 3</li>
</ol>
</body>
</html>
```

在 Dreamweaver 2021 中运行上述代码，得到图 4-2-10 所示的结果。

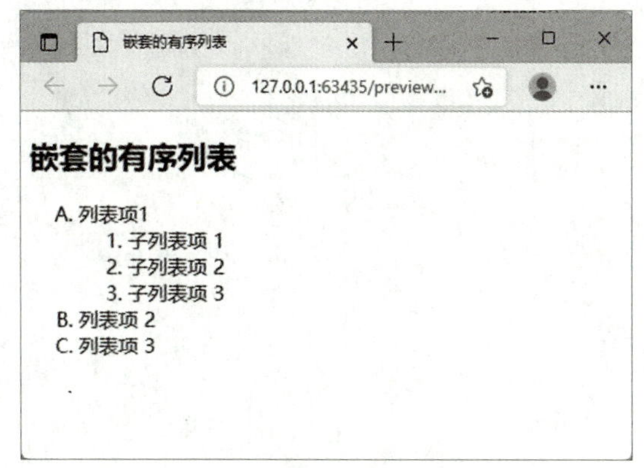

图 4-2-10 嵌套的有序列表

3. 无序列表

无序列表也称强调式列表，它是一种在各项内容前显示有特殊项目符号的缩排列表。其格式如下：

```
<ul type="符号类型">
<li type="符号类型">列表项内容</li>
<li type="符号类型">列表项内容</li>
</ul>
```

在无序列表结构中，使用<ul></ul>标记分别表示无序列表的开始和结束，<li>则表示一个列表项的开始。在一个无序列表中可以包含多个列表项，并且<li>可以省略结束标记。需要注意的是，在无序列表文本前显示加重符号，全部列表会缩排，与 Word 中的项目符号相似。

在无序列表中，type 属性的取值有 3 种：disc、circle 和 square。disc 表示实心圆，为默认值；circle 表示空心圆；square 表示实心或空心的方块(取决于浏览器)。在 Internet Explorer 浏览器中，type 的值是区分大小写的，也就是说将 type 指定为 Circle 是无法获得空心圆项目符号的，必须指定为 circle 才可以。下面通过示例演示无序列表标记的使用，代码如下：

```
<!DOCTYPE html>
<html>
<head>
<meta charset="utf-8">
<title>无序列表</title>
</head>
<body>
disc 项目符号列表：
<ul type="disc">
<li>苹果</li>
```

```
<li>香蕉</li>
<li>柠檬</li>
<li>橘子</li>
</ul>
circle 项目符号列表：
<ul type="circle">
<li>苹果</li>
<li>香蕉</li>
<li>柠檬</li>
<li>橘子</li>
</ul>
square 项目符号列表：
<ul type="square">
<li>苹果</li>
<li>香蕉</li>
<li>柠檬</li>
<li>橘子</li>
</ul>
</body>
</html>
```

在 Dreamweaver 2021 中运行上述代码，得到图 4-2-11 所示的结果。

图 4-2-11　无序列表的使用

4. 定义型列表

定义型列表用在对列表条目进行简短说明的场合，其格式如下：

```
<dl>
<dt></dt>
<dd></dd>
</dl>
```

定义型列表以标记<dl>开始，以标记</dl>结束。定义型列表中包含一系列术语和定义对；<dt>标记后为被定义的术语；<dd>标记则出现在被定义的内容前，用于列表的自动换行和缩排。下面通过示例演示定义型列表标记的使用，代码如下：

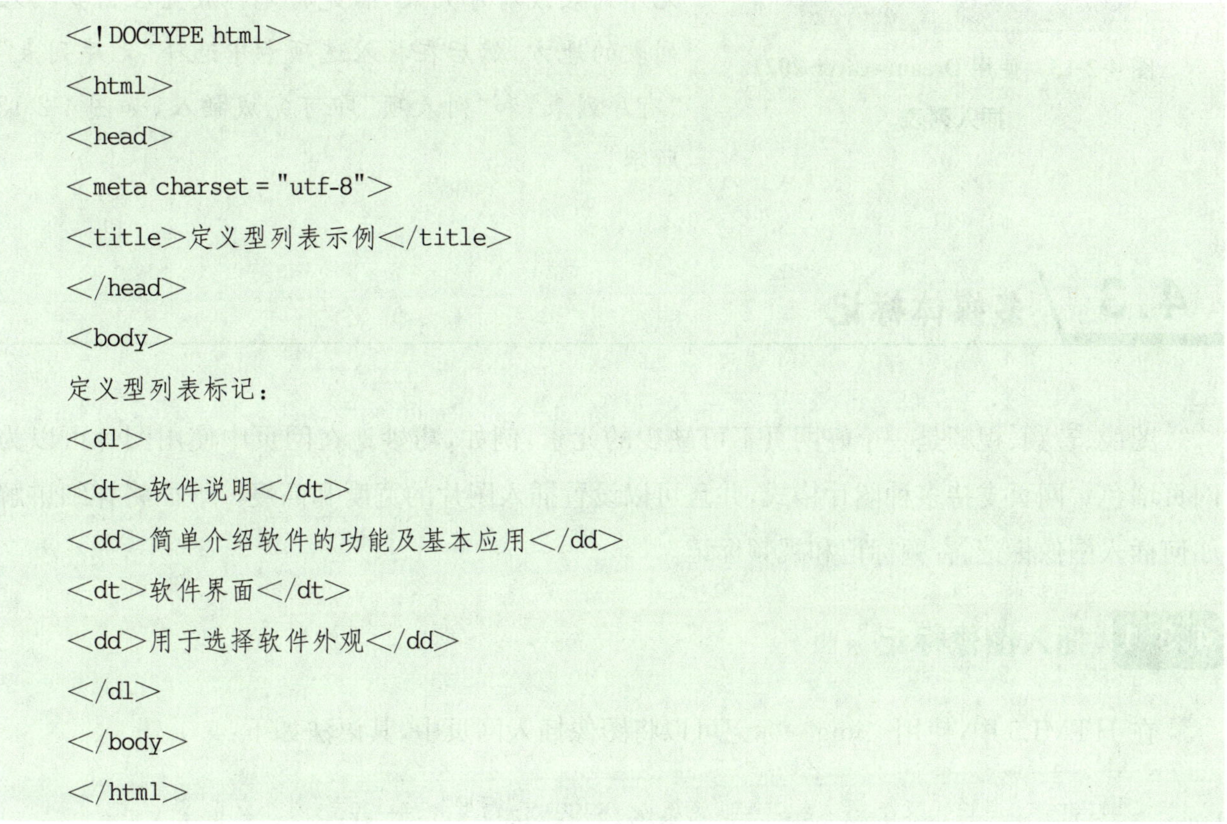

```
<!DOCTYPE html>
<html>
<head>
<meta charset = "utf-8">
<title>定义型列表示例</title>
</head>
<body>
定义型列表标记：
<dl>
<dt>软件说明</dt>
<dd>简单介绍软件的功能及基本应用</dd>
<dt>软件界面</dt>
<dd>用于选择软件外观</dd>
</dl>
</body>
</html>
```

在 Dreamweaver 2021 中运行上述代码，得到图 4-2-12 所示的结果。

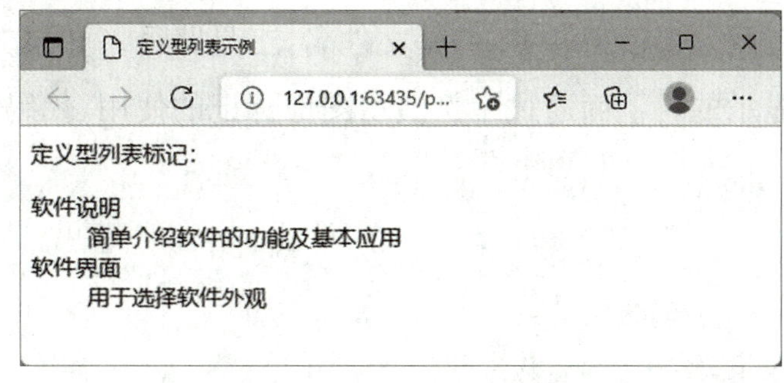

图 4-2-12　定义型列表

5. 列表制作准则

列表制作应遵循以下准则：

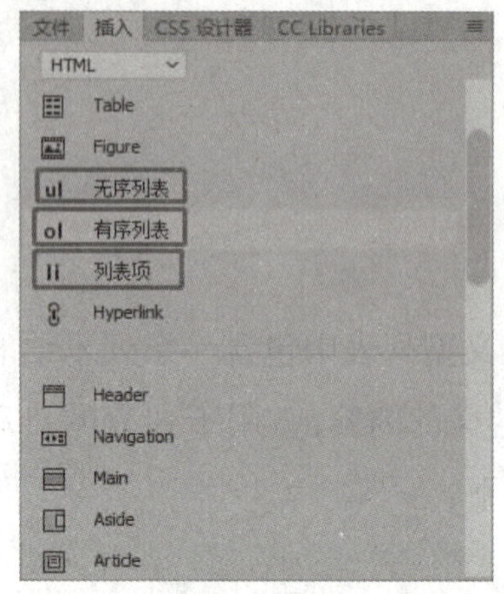

图 4-2-13 使用 Dreamweaver 2021 插入列表

(1)项目不要太多。

(2)项目要简短易懂,能抓住重点。

(3)需要时可以混合使用各种列表。

(4)创建嵌套列表时,应遵循由内到外或由外到内的思路。

注意:

在 Dreamweaver 2021 中有更快捷的方法插入无序列表或有序列表,首先将光标放置在需要插入列表的地方,然后在插入选项卡中选择“无序列表”“有序列表”和“列表项”即可完成插入,如图 4-2-13 所示。

4.3 多媒体标记

图像、音频、视频是一个好网页不可缺少的元素,例如,巧妙地在网页中使用图片可以为网页增色。网页支持多种图片格式,并且可以设置插入图片的宽度和高度。下面将详细讲解如何插入图像标记、音频标记和视频标记。

4.3.1 插入图像标记

在 HTML5 中,使用<img>标记可以将图像插入网页中,其语法如下:

```
<img src="路径和文件名" width="宽度" height="高度" align="对齐方式">
```

其中,img 表示图像标记符。一般使用的图像格式有 GIF 和 JPG,两者的加载方法相同。在使用图像标记符时有两件事值得注意:一是文件名,二是路径。如果文件名和路径不正确,网页中的图像是无法显示的。下面通过示例演示图像标记的使用,代码如下:

```
<!DOCTYPE html>
<html>
<head>
<meta charset="utf-8">
<title>图像标记符</title>
</head>
<body>
```

```
<p>显示名为 cattle.png 的图片,并设置其宽度为 210px,高度为 180px,图片位置居左。</p>
<img src="../cattle.png" width="210" height="180" align="left"/>
</body>
</html>
```

在 Dreamweaver 2021 中运行上述代码,得到图 4-3-1 所示的结果。

注意:

在 Dreamweaver 2021 中可以直接插入图像标记,使用方法与插入列表标记一样,这里需要注意的是,如果图像和网页没有在同一目录下,那么在属性 src 后面的引号里输入完整的路径;如果图像和网页在同一目录下,在属性 src 后面的引号里直接输入图像名就可以了。

图 4-3-1 使用图像标记

4.3.2 插入音频标记

音频<audio>标记及属性 audio 元素允许在 HTML 文档里嵌入音频内容,该元素是 HTML5 新增的元素。其语法格式如下:

```
<audio controls src="音频文件路径"></audio>
```

<audio> 标签是 HTML 5 的新标签,用户可以通过修改 audio 的属性来修改 audio 的显示和播放状态,其功能见表 4-3-1。

表 4-3-1 audio 的功能

属　性	值	描　　述
autoplay	autoplay	若出现该属性,则音频在就绪后马上播放
controls	controls	若出现该属性,则向用户显示控件,如播放按钮
loop	loop	若出现该属性,则每当音频结束时重新开始播放
preload	preload	若出现该属性,则音频在页面加载时进行加载,并预备播放; 若使用 autoplay,则忽略该属性
src	url	要播放的音频的 URL

直到现在,大部分浏览器还是通过插件(如 Flash)来播放音频的。HTML5 规定了一种通过 audio 元素来包含音频的标准,audio 元素可以播放音频文件或音频流,支持 OGG、MP3、WAV 三种音频格式。但并不是所有的浏览器都使用同一种标准,因此不同的浏览器支持的

音频文件格式并不同，见表 4-3-2。

表 4-3-2　浏览器支持的音频文件格式

音频文件	支持的浏览器
OGG	Firefox 3.5、Opera 10.5、Chrome 3.0
MP3	IE 9(含)以上、Chrome 3.0、Safari 3.0
WAV	Firefox 3.5、Opera 10.5、Safari 3.0

下面通过示例演示音频标记的使用，代码如下：

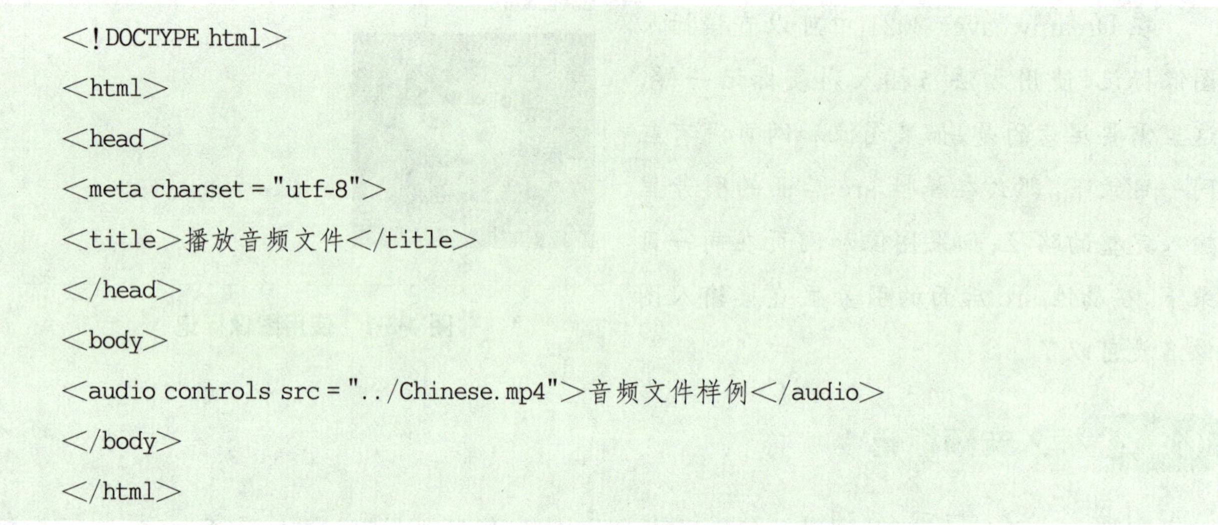

```
<!DOCTYPE html>
<html>
<head>
<meta charset="utf-8">
<title>播放音频文件</title>
</head>
<body>
<audio controls src="../Chinese.mp4">音频文件样例</audio>
</body>
</html>
```

在 Dreamweaver 2021 中运行上述代码，得到图 4-3-2 所示的结果。

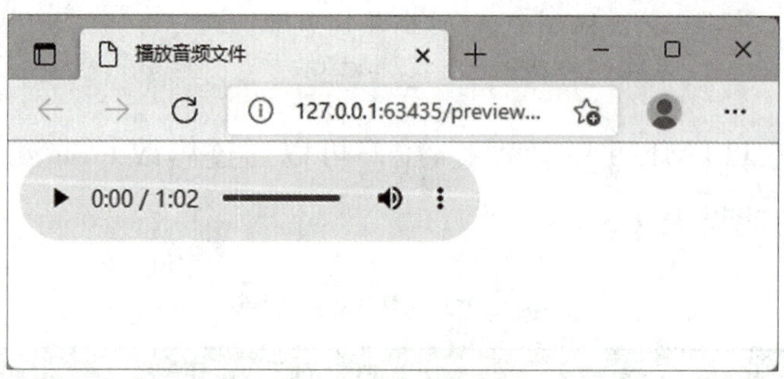

图 4-3-2　使用音频标记

4.3.3 插入视频标记

视频<video>标记及属性 video 元素允许用户在 HTML 文档里嵌入视频内容，该元素是 HTML5 新增的元素。其语法如下：

```
<video controls src="视频文件路径"></video>
```

<video> 标签是 HTML5 的新标签，用户可以通过修改 video 的属性来修改视频的显

示和播放状态，其功能见表 4-3-3。

表 4-3-3 video 的功能

属性	值	描述
autoplay	autoplay	若出现该属性，则视频在就绪后马上播放
controls	controls	若出现该属性，则向用户显示控件，如播放按钮
height	pixels	设置视频播放器的高度
loop	loop	若出现该属性，则每当视频文件完成播放后重新开始播放
preload	preload	若出现该属性，则视频在页面加载时进行加载，并预备播放； 若使用 autoplay，则忽略该属性
src	url	要播放的视频的 URL
width	pixels	设置视频播放器的宽度

虽然 video 的语法与 audio 非常类似，但在网页中添加一个视频文件并不是一件容易的事情。其原因是目前的视频文件种类非常多，如 MP4、RMVB、WMV、AVI 等，而且视频文件涉及码率、帧等数据，因此 HTML 没有给出一个完整的视频播放标准，而且不同的浏览器支持的视频文件也不尽相同。表 4-3-4 给出了当今浏览器重点支持的几种视频文件格式。

表 4-3-4 浏览器重点支持的视频文件格式

视频文件格式	支持的浏览器
MP4	IE 9(含)以上、Chrome 3.0、Safari 3.0
WebM	Firefox 3.5、Opera 10.5、Chrome

下面通过示例演示视频标记的使用，代码如下：

```
<!DOCTYPE html>
<html>
<head>
<meta charset="utf-8">
<title>视频文件样例</title>
</head>
<body>
<video controls src="../案例文件/Chinese National Anthem.mp4" width ="360" height =
"240">
</video>
</body>
</html>
```

在 Dreamweaver 2021 中运行上述代码，得到图 4-3-3 所示的结果。

图 4-3-3　使用视频标记

注意：

在显示视频时，建议指定 width 和 height 的属性值，这样浏览器会保持视频的长宽比。另外浏览器会沿着列表顺序寻找它能够播放的视频文件，这可能会引发多个服务器请求，以获得每个文件的额外信息。浏览器判断它是否能够播放某个视频的依据之一是服务器返回的多用途互联网邮件扩展(multipurpose internet mail extensions, MIME)类型。可以通过设置 type 属性指定文件的 MIME 类型，减少请求次数，从而提高效率。

4.4 表格标记

页面上经常会显示大量的数据，通常会用表格来输出，如果数据更多，还可以将表格进行分页显示。用表格显示信息显得条理清晰，使浏览者一目了然。表格在网页中还有协助布局的作用，可以把文字、图像等组织到表格的不同行和列。

4.4.1 创建表格标记

在 HTML 中创建一个普通表格应包括以下标记符。

1. <table>

所有的表格都是包含在<table></table>标记对里。表格的边框宽度由它的 border 属性规定，其基本格式如下：

```
<table border="边框宽度">表格内容</table>
```

边框宽度默认为 0 时，浏览器将不显示表格的边框。

2. <caption>

如果表格需要标题，那么就应该使用<caption>标记符将表格标题包括在<caption>和

</caption>之间，如果使用了<caption>标记符，它应该直接位于<table>之后，可以用<caption>标记符的 align 属性控制表格标题的显示位置，align 属性可以有 4 种取值：top（标题放在表格上部）、bottom（标题放在表格下部）、left（标题放在表格上部的左侧）和 right（标题放在表格上部的右侧）。默认情况下使用 top。

3. <tr>

<tr>标记符用于定义表格的行，对于每一个表格行，都对应一对<tr>…</tr>标记符。

4. <td>和<th>

表格中的每个单元格都对应于一个<td>或<th>标记符，用于标记表格的内容，其中可以包括文字、图像或其他对象。<td>与<th>的功能和用法几乎完全相同，唯一不同之处在于<td>表示普通表格数据，而<th>表示表格的行列标题数据（也就是通常所说的表头）。<td>和<th>的结束标记符都可以省略，并且可以不包括任何内容（此时即为空单元格）。

下面通过示例演示表格标记的使用，代码如下：

```
<!DOCTYPE html>
<html>
<head>
<meta charset = "utf-8">
<title>表格标记</title>
</head>
<body>
<table border = "1"><caption align = "top">课程表</caption>
<tr>
<td> </td>
<td>星期一</td>
<td>星期二</td>
<td>星期三</td>
<td>星期四</td>
<td>星期五</td>
</tr>
<tr>
<th>上午</th>
<td>数学</td>
<td>语文</td>
<td>英语</td>
<td>物理</td>
```

```
<td>哲学</td>
</tr>
<tr>
<th>下午</th>
<td>英语</td>
<td></td>
<td>化学</td>
<td>计算机</td>
<td>体育</td>
</tr>
</table>
</body>
</html>
```

在 Dreamweaver 2021 中运行上述代码，得到图 4-4-1 所示的结果。

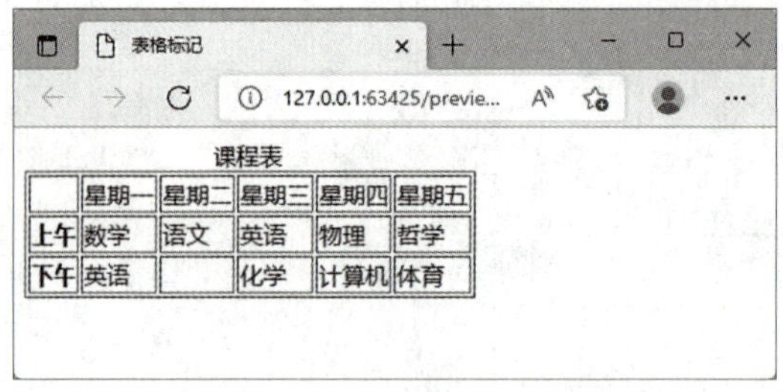

课程表

	星期一	星期二	星期三	星期四	星期五
上午	数学	语文	英语	物理	哲学
下午	英语		化学	计算机	体育

图 4-4-1　使用表格标记

4.4.2 表格的基本属性

表格的基本构成已经初步了解，下面具体介绍表格的相关属性。

1. <table>的属性

HTML 语言的<table>标记中提供了 border、width、cellspacing、cellpadding、bgcolor、frame 和 rules 等属性，下面介绍部分属性。

(1)border 属性：设置表格的边框宽度，其值为像素数。其格式如下：

```
<table border = "值">
```

(2)width 属性：设定整个表格的宽度，有绝对方式和相对方式两种。其格式如下：

```
<table border = # width = 100>
<table border = # width = 50 % >
```

其中，绝对宽度的单位为像素(px)，此标记的默认值为自动匹配。

2. 定义表格行标记<tr>的属性

<tr>标记用来创建表格中的一行。此标记只能放在<table>标记内部使用，而在此标记对之间加入文本将是无用的，因为在<tr></tr>之间紧跟<td></td>标记对才是有效的语法。<tr>标记的主要属性及功能见表 4-4-1。

表 4-4-1 <tr>标记的主要属性及功能

标记属性	功能
bgcolor=colorvalue	设置背景颜色
align=alignstyle	设置水平对齐方式
valign=valignstyle	设置垂直对齐方式

其中，bgcolor 取值是十六进制 RGB 颜色或颜色常量名；align 取值为 left、center 或 right；valign 取值为 top(靠顶端对齐)、middle(居中间对齐)或 bottom(靠底部对齐)。

3. 定义表格单元格标记<td>和<th>的属性

单元格属性是指每一个表格中的格，体现在 HTML 文件标记中就是<th>和<td>标记的属性设定，<th>标记的属性主要有 width、height、align、valign、bgcolor 和 nowarp 等。

(1)width 属性：设置单元格的宽度，单位是 pixel。其格式如下：

```
<th width=300>内容</th>
```

(2)height 属性：设置单元格的高度，单位是 pixel。其格式如下：

```
<th height=50>内容</th>
```

(3)align 属性：设置单元格中内容的水平对齐方式。其格式如下：

```
<th align=center>内容</th>
```

(4)valign 属性：设置单元格中内容的垂直对齐方式。其格式如下：

```
<th valign=top>内容</th>
```

(5)bgcolor 属性：设置单元格的背景颜色。其格式如下：

```
<th bgcolor=#ff0000>内容</th>
```

(6)nowarp 属性：强制单元格的内容不换行，该属性没有属性值，如果不加此属性，则单元格默认为自动换行。其格式如下：

```
<th nowarp>内容</th>
```

<td>标记的属性及功能见表 4-4-2。

表 4-4-2 <td>标记的属性及功能

标记属性	功能
bgcolor=colorvalue	设置单元格背景颜色
align=alignstyle	设置单元格水平对齐方式
valign=valignstyle	设置单元格垂直对齐方式
width=size	设置单元格宽度
height=size	设置单元格高度
rowspan=number	设置单元格所占的行数
colspan=number	设置单元格所占的列数

4. 合并单元格

如果在网页中需要创建不规则的表格，那么就需要将两个或更多个单元格合并为一个，这就需要使用 rowspan 及 colspan 属性。

(1) rowspan 属性。在<td>和<th>标记内使用 rowspan 属性可以进行行合并，rowspan 的取值表示向下延伸合并垂直单元格的行数。实际上，rowspan 这个单词本身的含义就是跨越的行数。

(2) colspan 属性。在<td>和<th>标记内使用 colspan 属性可以进行列合并，colspan 的取值表示向右延伸合并水平单元格的列数。实际上，colspan 这个单词本身的含义就是跨越的列数。

例如：

```
<td colspan = 3>合并 3 个水平单元格</td>
<th rowspan = 2>合并 2 个垂直单元格</th>
```

下面通过示例演示表格基本属性的使用，代码如下：

```
<!DOCTYPE html>
<html>
<head>
<meta charset = "utf-8">
<title>合并单元格示例</title>
</head>
<body>
<table border>
<caption align = "top"><font face = "黑体" size = "4">学生成绩表</font>
</caption>
<tr>
<th rowspan = "2">学号</th>
```

```
<th colspan="3">个人信息</th>
<th colspan="2">期末成绩</th>
</tr>
<tr bgcolor="#418f89" align="center">
<td>姓名</td>
<td>班级</td>
<td>入学时间</td>
<td>数学</td>
<td>语文</td>
</tr>
<tr>
<td>0008</td>
<td>郭靖</td>
<td>一年级二班</td>
<td>2006 年 9 月</td>
<td>29</td>
<td>80</td>
</tr>
<tr>
<td>0009</td>
<td>黄蓉</td>
<td>五年级一班</td>
<td>2006 年 9 月</td>
<td>100</td>
<td>80</td>
</tr>
</table>
</body>
</html>
```

在 Dreamweaver 2021 中运行上述代码，得到图 4-4-2 所示的结果。

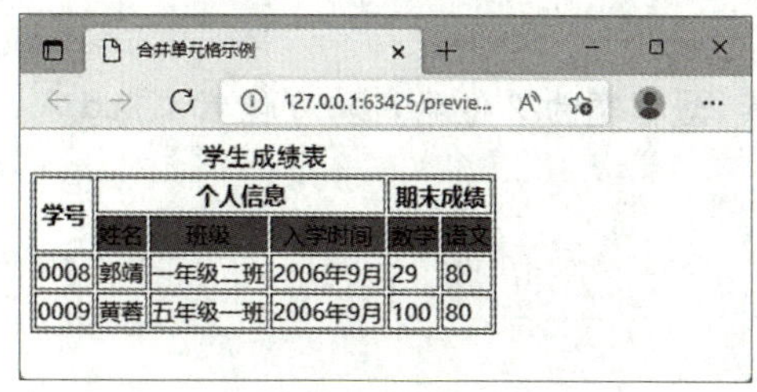

图 4-4-2　合并单元格示例

4.4.3 表格的尺寸设置

表格的尺寸设置可以通过 border、width、cellspacing、cellpadding 等属性实现，其中 border 和 width 属性在前面的基本属性部分中已经介绍，这里主要介绍 cellspacing 和 cellpadding 属性。

1. cellspacing 属性

该属性的功能是设置表格间隙。在<table>标记符中使用 cellspacing 属性可以控制单元格之间的空白，属性的取值通常采用像素数。其基本格式如下：

```
<table border cellspacing = "值">
```

例如，<table border cellspacing="8">，表示表格单元之间的距离是 8 个像素点。

2. cellpadding 属性

该属性的功能是设置表格内部空隙。在<table>标记符中使用 cellpadding 属性可以控制表格分隔线和数据之间的距离，属性的取值通常采用像素数。其基本格式如下：

```
<table border cellpadding = "值">
```

例如，<table border cellpadding="8">，表示表格单元边缘与单元内容之间的距离是 8 个像素点。

下面通过示例演示表格基本属性的使用，代码如下：

```
<!DOCTYPE html>
<html>
<head>
<meta charset = "utf-8">
<title>表格尺寸设置</title>
</head>
<body>
<table width = "400" border = "2" height = "50">
<caption align = "top">表格 1</caption>
<tr>
<td>此表格宽为 400 像素，边框宽为 2 像素，高 50 像素</td>
</tr>
</table>
<p>
<table width = "400" border = "1" cellspacing = "10">
```

```
<caption align="top">表格 2</caption>
<tr>
<td>中国</td><td>韩国</td><td>朝鲜</td>
</tr>
<tr>
<td>印度</td><td>新加坡</td><td>马来西亚</td>
</tr>
<tr>
<td>缅甸</td><td>越南</td><td>菲律宾</td>
</tr>
</table>
</p>
<table width="400" border="1" cellpadding="10">
<caption align="top">表格 3</caption>
<tr>
<td>中国</td> <td>韩国</td><td>朝鲜</td>
</tr>
<tr>
<td>印度</td><td>新加坡</td><td>马来西亚</td>
</tr>
<tr>
<td>缅甸</td><td>越南</td><td>菲律宾</td>
</tr>
</table>
</body>
</html>
```

在 Dreamweaver 2021 中运行上述代码，得到图 4-4-3 所示的结果。

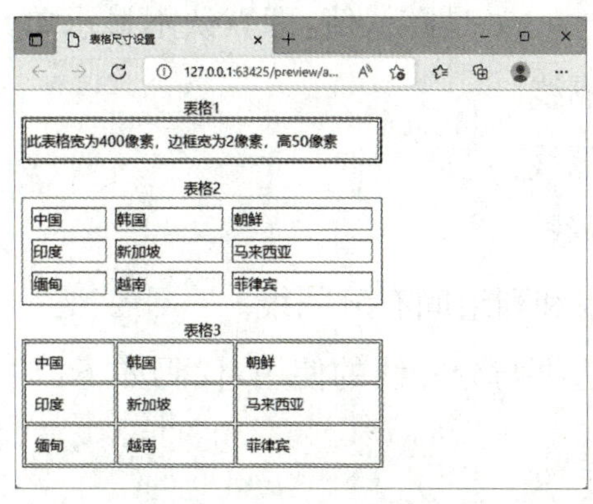

图 4-4-3 表格尺寸设置的效果图

4.4.4 边框与分隔线

在<table>标记内，使用 frame、rules、border 属性可以设置表格的边框和单元格分隔线。

1. frame 属性

其格式如下：

```
<table frame="属性值">
```

表格边框表示表格最外层的 4 条框线，可以用 frame 属性进行控制。该属性的取值可以是以下几种。

(1)void：表示无边框。void 是默认值，即默认时不显示边框。

(2)above：表示仅有顶部边框。

(3)below：表示仅有底部边框。

(4)hsides：表示仅有顶部边框和底部边框。

(5)lhs：表示仅有左侧边框。

(6)rhs：表示仅有右侧边框。

(7)vsides：表示仅有左、右侧边框。

(8)box：表示包含全部 4 个边框。

(9)border：表示包含全部 4 个边框。

2. rules 属性

其格式如下：

```
<table frame="属性值" rules="属性值">
```

其中 rules 属性用于控制是否显示以及如何显示单元格之间的分隔线，取值可以是以下几种。

(1)none：表示无分隔线。none 是默认值，即默认不显示单元格间的分隔线。

(2)all：表示包括所有分隔线。

(3)rows：表示仅有行分隔线。

(4)cols：表示仅有列分隔线。

(5)groups：表示仅在行组和列组间有分隔线。

下面通过示例演示表格边框与分隔线的使用，代码如下：

```
<!DOCTYPE html>
<html>
```

```
<head>
<meta charset = "utf-8">
<title>表格分隔线示例</title>
</head>
<body>
<table frame = "hsides" rules = "rows" >
<! --边框仅显示在上下边框和横向分隔线-->
<caption align = "top">我的行程表</caption>
<tr>
<th>星期一</th>
<th>星期二</th>
<th>星期三</th>
<th>星期四</th>
<th>星期五</th>
</tr>
<tr>
<td>北京</td>
<td>北京</td>
<td>黑龙江</td>
<td>黑龙江</td>
<td>吉林</td>
</tr>
<tr>
<td>吉林</td>
<td>吉林</td>
<td>广东</td>
<td>广东</td>
<td>广东</td>
</tr>
<tr>
<td>内蒙古</td>
<td>内蒙古</td>
<td>内蒙古</td>
<td>江苏</td>
<td>江苏</td>
```

```
</tr>
</table>
</body>
</html>
```

在 Dreamweaver 2021 中运行上述代码，得到图 4-4-4 所示的结果。

注意：

在 Dreamweaver 2021 中有更快捷的方法插入表格，首先将光标放入需要插入表格的地方，然后在插入界面中单击“Table”按钮，会弹出“Table”对话框，在该对话框中设置表格的大小、标题等，如图 4-4-5 所示。最后单击“确定”按钮即可在代码中插入表格。

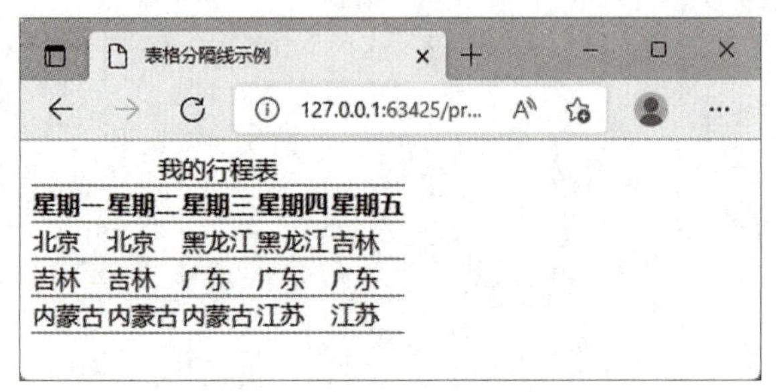

图 4-4-4　表格设置边框与分隔线的效果图

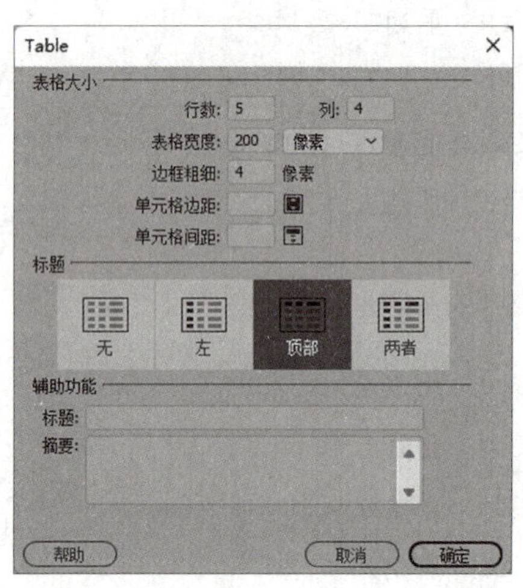

图 4-4-5　使用 Dreamweaver 2021 插入表格

4.4.5 表格与表格内容的对齐

下面将详细讲解表格在页面的对齐与表格内容在页面的对齐。

1. 表格在页面中的对齐

表格在页面中的对齐与对齐页面其他内容一样，可以直接在<table>标记符中使用 align 属性。其基本格式如下：

```
<table align="值">
```

其中，align 属性的取值可以为 left、center 或 right。

另外，也可以用<div>标记符的 align 属性设置表格的对齐，方法是将<table>标记包含在<div align="值">和</div>之间。

注意：

如果不使用<table>标记符的align属性设置表格的对齐，跟在表格后的文本将自动显示在表格下的一行；如果使用<table>标记符的align属性设置页面对齐，并且使用的是left或right值，那么，跟在表格后的文本会位于表格的左边或右边，从而形成文本与表格环绕的效果。

2. 表格内容在页面中的对齐

表格单元格内容的对齐包括各数据项在水平方向和垂直方向上的对齐。

(1)表格内容的水平对齐。在标记符<tr>、<th>、<td>内使用align属性。其基本格式如下：

```
<tr align="值">
<th align="值">
<td align="值">
```

其中align属性的取值可以为left、center、right或justify，分别表示左对齐、居中、右对齐和两端对齐。

如果在<tr>标记中使用align属性，则可以控制整行内容的水平对齐；如果在<td>或<th>标记符中使用align属性，则可以控制相应单元格中内容的水平对齐。

下面通过示例演示表格数据的水平对齐，代码如下：

```
<!DOCTYPE html>
<html>
<head>
<meta charset="utf-8">
<title>表格数据的水平对齐</title>
</head>
<body>
<table border>
<caption><h2>表格数据的水平对齐</h2></caption>
<tr align="right">
<td>本行数据右对齐</td>
<td>右</td>
<td>右</td>
</tr>
<tr align="center">
```

```
<td>居中</td>
<td>本行数据为居中对齐</td>
<td>居中</td>
</tr>
<tr>
<td>左</td>
<td>左</td>
<td>本行数据为默认左对齐</td>
</tr>
</table>
</body>
</html>
```

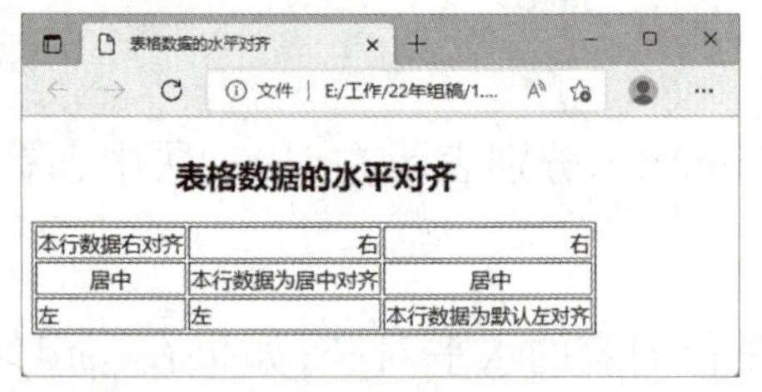

图 4-4-6　表格数据水平对齐的效果图

在 Dreamweaver 2021 中运行上述代码，得到图 4-4-6 所示的结果。

(2)表格内容的垂直对齐。设置表格数据在垂直方向的对齐时，应在<tr>、<th>、<td>标记符中使用 valign 属性，其基本格式如下：

```
<tr valign="值">
<th valign="值">
<td valign="值">
```

valign 属性的取值为 top、middle、bottom 和 baseline，分别代表顶对齐、垂直居中、底部对齐和基线对齐。

与 align 属性类似，如果在<tr>标记符中使用 valign 属性，则可以控制整行内容的垂直对齐，如果在<td>或<th>标记符中使用 valign 属性，则可以控制相应单元格中内容的垂直对齐。

下面通过示例演示表格单元格数据的垂直对齐，代码如下：

```
<!DOCTYPE html>
<html>
<head>
<meta charset="utf-8">
<title>表格数据的垂直对齐</title>
</head>
```

```
<body>
<table border align = "center"><caption><h2>表格数据的垂直对齐</h2></caption>
<tr valign = "top">
<td><img src = "../案例文件/QQ.png" width = "200" height = "155"></td>
<td>QQ 浏览器</td>
<td>valign = top</td>
</tr>
<tr>
<td><img src = "../案例文件/gg.png" width = "200" height = "155"></td>
<td>谷歌浏览器</td>
<td>valign 的默认值</td>
</tr>
<tr valign = "bottom">
<td><img src = "../案例文件/2345.png" width = "200" height = "155"></td>
<td>2345 浏览器</td>
<td>valign = bottom</td>
</tr>
</table>
</body>
</html>
```

在 Dreamweaver 2021 中运行上述代码，得到图 4-4-7 所示的结果。

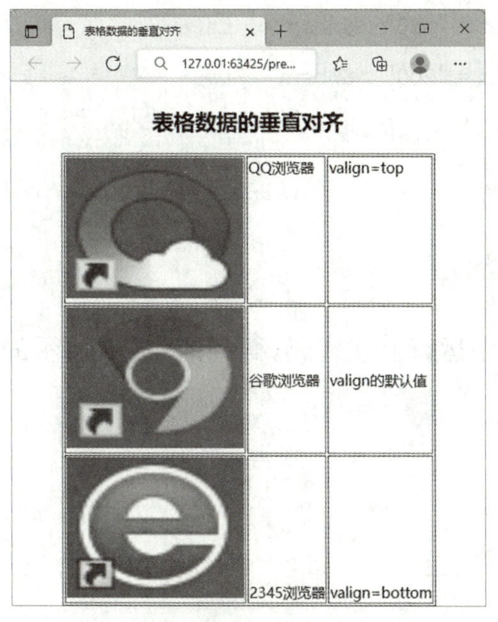

图 4-4-7 表格数据垂直对齐的效果图

4.4.6 设置单元格的大小

如果要分割页面区域，经常要做的就是设置单元格的大小。由于表格能将网页划分为任意大小的矩形区域，所以表格在网页中更多地用作排版工具，用户可以使用标记符的 width 和 height 属性设置单元格的大小，这两个属性的取值可以是像素数，也可以为百分比，多数情况下使用绝对的像素数。

下面通过示例演示用 HTML 代码将页面划分为 4 个部分，代码如下：

```
<!DOCTYPE html>
<html>
<head>
<meta charset="utf-8">
<title>设置单元格大小</title>
</head>
<body>
<table border="1" align="center">
<tr>
<td width="400" height="80" colspan="3" align="center">为了显示效果，为表格添加了
边框</td>
</tr>
<tr>
<td width="100" height="200"> </td>
<td width="200" height="200"> </td>
<td width="100" height="200"> </td>
</tr>
</table>
</body>
</html>
```

在 Dreamweaver 2021 中运行上述代码，得到图 4-4-8 所示的结果。

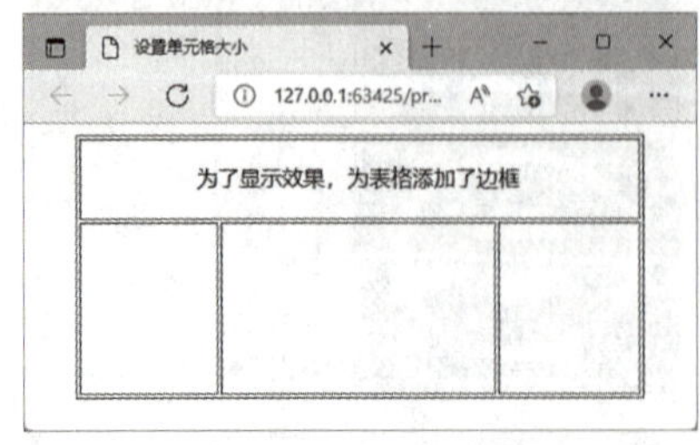

图 4-4-8 设置单元格大小的效果图

4.4.7 设置表格和单元格的背景

与设置整个页面的背景类似，表格或单元格也可以设置背景色或图案。在<table>或<td>标记符内，使用 bgcolor 属性设置背景颜色，使用 background 属性设置背景图案。

下面通过示例演示设置表格和单元格背景的效果，代码如下：

```
<!DOCTYPE html>
<html>
<head>
<meta charset="utf-8">
<title>设置表格和单元格的背景</title>
</head>
<body>
<table border="1" align="center" background="../案例文件/001.jpg">
<tr>
<td width="400" height="80" colspan="3" align="center">表格和单元格背景设置</td>
</tr>
<tr>
<td bgcolor="#999999" width="100" height="200">单元格背景色</td>
<td width="200" height="200"> </td>
<td background="../案例文件/002.png" width="100" height="200">单元格背景图案</td>
</tr>
</table>
</body>
</html>
```

在 Dreamweaver 2021 中运行上述代码，得到图 4-4-9 所示的结果。

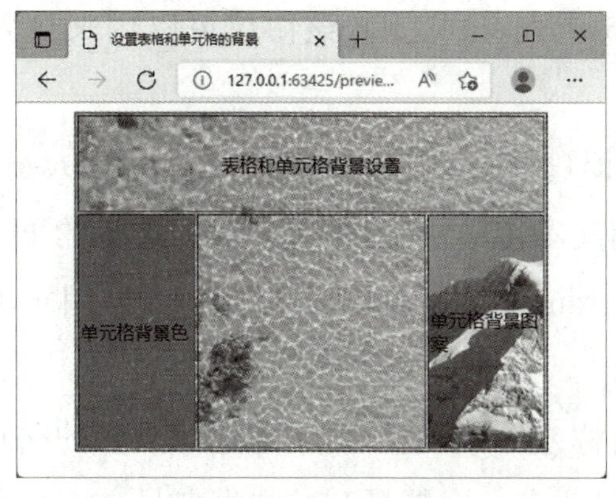

图 4-4-9　设置表格和单元格背景的效果

4.5 超链接的应用

超链接是允许同其他网页或站点进行连接的元素。各个网页连接在一起后，才能真正构成一个网站。因此超链接是指从一个网页指向一个目标的连接关系，这个目标可以是另一个网页，也可以是相同网页上的不同位置，还可以是一张图片、一个电子邮件地址、一个文件，甚至是一个应用程序。而在一个网页中用作超链接的对象，可以是一段文本或一张图片。当浏览者单击已经加入超链接的文字或图片后，链接目标将显示在浏览器上，并根据目标的类型来打开或运行。

4.5.1 URL 概述

URL 是对可以从互联网上得到的资源的位置和访问方法的一种简洁的表示，是互联网上标准资源的地址。互联网上的每个文件都有一个唯一的 URL，它包含的信息指出文件的位置及浏览器应该如何处理它。它最初是由蒂姆·伯纳斯-李发明并用来作为万维网的地址的，现在已经被万维网联盟编制为互联网标准 RFC1738 了。

URL 不但可以确定一个资源，而且能表示出它在哪里，一般 URL 的开始标志着一个计算机网络所使用的网络协议。

1. URL 的结构

基本 URL 包含模式(或称协议)、服务器名称(或 IP 地址)、路径和文件名，如"协议://授权/路径？查询"。完整的且带有授权部分的普通统一资源定位符语法如下：

```
协议://用户名:密码@子域名.域名.顶级域名:端口号/目录/文件名.文件后缀?参数=值#标志
```

模式/协议(scheme)告诉浏览器如何处理将要打开的文件。最常用的模式是超文本传输协议(hyper text transfer protocol，HTTP)，该协议可以用来访问网络。常用的协议还有以下两种。

(1)超文本传输安全协议(hyper text transfer protocol over secure，HTTPS)。HTTPS 是在安全套接字层传送的超文本传输协议，是以安全为目标的 HTTP 通道。

(2)文件传输协议(file transfer protocol，FTP)。FTP 用于 Internet 上的控制文件的双向传输。

文件所在的服务器的名称或 IP 地址后面是到达该文件的路径和文件本身的名称。服务器的名称或 IP 地址后面有时还有一个冒号和一个端口号。它也可以包含接触服务器需要的用户名和密码。路径部分包含等级结构的路径定义，一般来说不同部分之间以斜线(/)分隔。

询问部分一般用来传送对服务器上的数据库进行动态询问时所需要的参数。

有时 URL 以斜线结尾，而没有给出文件名。在这种情况下，URL 引用路径中最后一个目录中的默认文件(通常对应于主页)常被称为 index. html 或 default. html。

2. URL 的分类

(1)绝对 URL。显示文件的完整路径，这意味着绝对 URL 本身所在的位置与被引用的实际文件的位置无关。

(2)相对 URL。以包含 URL 本身的文件夹的位置为参考点，描述目标文件夹的位置。如果目标文件与当前页面(即包含 URL 的页面)在同一个目录中，那么该文件的相对 URL 仅仅是文件名和扩展名，如果目标文件在当前目录的子目录中，那么它的相对 URL 是子目录名，后面是斜线，然后是目标文件的文件名和扩展名。

如果要引用文件层次结构中更高层目录中的文件，那么使用两个句点和一条斜线。可以组合和重复使用两个句点和一条斜线，从而引用当前文件所在磁盘上的任何文件。

一般来说，对于同一服务器上的文件，应该总是使用相对 URL，它们更容易输入，而且在将页面从本地系统转移到服务器上时更方便，只要每个文件的相对位置保持不变，链接就是有效的。

4.5.2 超链接标记

<a> 标签定义超链接，用于从一个页面链接到另一个页面。该元素最重要的属性是 href 属性，指定链接的目标。其语法如下：

```
<a>段落文字</a>
```

下面通过示例演示在网页中添加超链接，代码如下：

```
<!DOCTYPE html>
<html>
<head>
<meta charset="utf-8">
<title>超链接标记</title>
</head>
<body>
<a href="http://www.baidu.com">这是一个超链接</a>
</body>
</html>
```

在 Dreamweaver 2021 中运行上述代码,得到图 4-5-1 所示的结果。

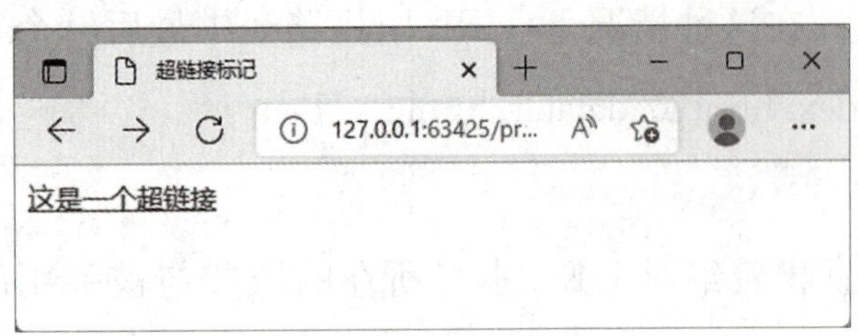

图 4-5-1　添加超链接后的效果图

在所有的浏览器中,链接的默认外观如下:未被访问的链接带有下划线且是蓝色的,已被访问的链接带有下划线且是紫色的,活动链接带有下划线且是红色的。

href 属性的值可以是任何有效文档的相对或绝对 URL,如果用户选择了<a> 标签中的内容,那么浏览器会尝试检索并显示 href 属性指定的 URL 所表示的文档。超链接的 URL 可能的值有如下几种。

(1)绝对 URL:指向另一个站点(如 href="http://www. example. com/index. html")。

(2)相对 URL:指向站点内的某个文件(如 href="index. html")。

(3)锚 URL:指向页面中的锚(如 href="#top")。

<a> 标签的 target 属性规定在何处打开链接文档。如果在一个<a>标签内包含一个 target 属性,浏览器将会载入和显示用该标签的 href 属性命名的、名称与该目标吻合的框架或者窗口中的文档。target 属性的值见表 4-5-1。

表 4-5-1　target 属性的值

值	描　述
_blank	在新窗口中打开被链接文档
_self	默认值。在相同的框架中打开被链接文档
_parent	在父框架集中打开被链接文档
_top	在整个窗口中打开被链接文档
framename	在指定的框架中打开被链接文档

4.5.3 文档与网页外部资源的标记

<link>标签通常被放置在一个网页的头部标签<head>内,用于链接外部 CSS 文件、收藏夹图标(favicon. ico)等。<link>标签最常见的用途是链接外部样式表和外部资源。具体语法格式如下:

```
<link href = "" rel = "" type = ""/>
```

1. 样式表链接

```
<!DOCTYPE html>
<html>
<head>
```

```
<meta charset = "utf-8">
<title>外部资源关系</title>
<link href = "img/divcss5.css" rel = "stylesheet" type = "text/css"/>
</head>
<body>
<hr>
</body>
</html>
```

参数解释如下：

(1)href：外部资源地址，这里是 CSS 样式表文件的地址(关于 CSS 将在模块 7 详细讲解，此处知道 CSS 文件是一个外部文件即可)。

(2)rel：定义当前文档与被链接文档之间的关系，这里是外部 CSS 样式表，即 stylesheet。

(3)type：规定被链接文档的 MIME 类，这里的值为 text/css。

这样就构成了一个完整的<link>标签，注意<link>标签不像<head></head>、<html></html>是一对的，即结束还需一个斜线的标签，这里的 link 样式是放在<link>内的。

2. ico 图标引入

ico 图标引入的具体语法格式如下：

```
<link rel = "icon" href = "favicon.ico" type = "image/x-icon" />
```

这里的 favicon 必须是 16 px×16 px 或者 32 px×32 px 的，必须是 8 位色或者 24 位色的，格式必须是 png、ico 或者 gif 文件，添加后该图标将会出现在浏览器上该网页的标签之前，如图 4-5-2 所示。

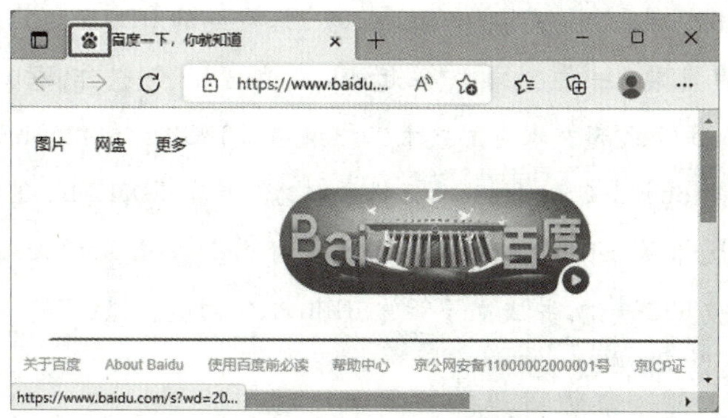

图 4-5-2 引入 ico 图标

4.5.4 定义导航链接标记

nav 在以前版本的 HTML 布局中作为导航条相关常用命名来使用。其具体语法格式如下：

```
<div class="nav">网站导航内容</div>
```

<nav> 标签是 HTML5 中的新标签，它用来将具有导航性质的链接划分在一起，使代码结构在语义化方面更加准确，同时对于屏幕阅读器等设备的支持也更好。其具体语法格式如下：

```
<nav>内容</nav>
```

下面通过示例演示在网页中添加导航链接标记，代码如下：

```
<!DOCTYPE html>
<html lang="en">
<head>
<meta charset="utf-8">
<title>导航链接标记</title>
</head>
<body>
<h2>目录</h2>
<nav>
<ul id="menu">
<li><a href="#content1">简介</a></li>
<li><a href="#content2">特性</a></li>
<li><a href="#content3">现状</a></li>
</ul>
</nav>
<h3 id="content1">简介</h3>
<p>HTML标准自1999年12月发布的HTML 4.01后，后继的HTML5和其他标准被束之高阁，为了推动Web标准化运动的发展，一些公司联合起来，成立了一个叫作 Web Hypertext Application Technology Working Group (Web超文本应用技术工作组 -WHATWG) 的组织。WHATWG致力于Web表单和应用程序，而W3C(World Wide Web Consortium，万维网联盟) 专注于XHTML2.0。在2006年，双方决定进行合作，来创建一个新版本的HTML。HTML5草案的前身名为 Web Applications 1.0，于2004年被WHATWG提出，于2007年被W3C接纳，并成立了新的HTML工作团队。</p>
<h3 id="content2">特性</h3>
<p>语义特性(Class:Semantic)</p>
<p>HTML5赋予网页更好的意义和结构。更加丰富的标签将随着对RDFa、微数据与微格式等方面的支持，构建对程序、对用户都更有价值的数据驱动的Web。</p>
<p>本地存储特性(Class: OFFLINE STORAGE)</p>
```

```
<p>基于 HTML5 开发的网页 App 拥有更短的启动时间,更快的联网速度,这些全得益于 HTML5 App Cache,以及本地存储功能。</p>
<h3 id="content3">现状</h3>
<p>在移动设备开发 HTML5 应用只有两种方法,要不就是全使用 HTML5 的语法,要不就是仅使用 JavaScript 引擎。</p>
<p>JavaScript 引擎的构建方法让制作手机网页游戏成为可能。由于界面层很复杂,已预订了一个 UI 工具包去使用。</p>
</body>
</html>
```

在 Dreamweaver 2021 中运行上述代码,得到图 4-5-3 所示的结果。

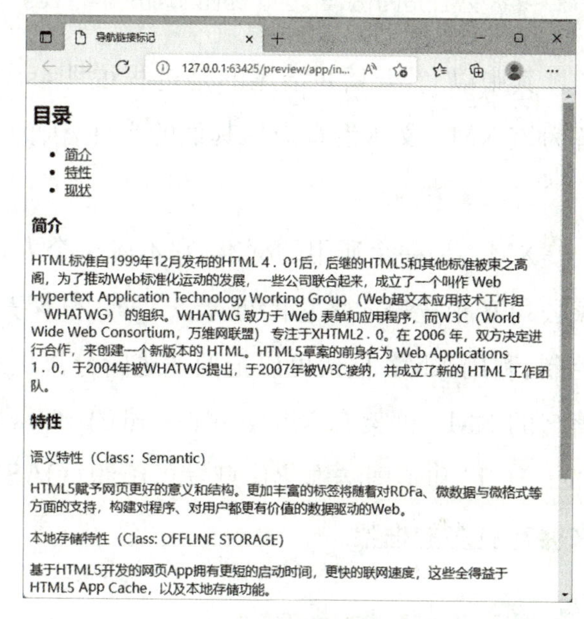

图 4-5-3　添加超链接后的效果图

<nav>标签是一个可以用作页面导航的链接组,其中的导航元素链接到其他页面或当前页面的其他部分。并不是所有的 HTML 文档都要使用到 <nav> 元素,<nav> 元素只是作为标注一个导航链接的区域。在不同设备(手机或 PC)上可以设置导航链接是否显示,以适应不同屏幕的需求。

<nav>标签是与导航相关的,所以一般用于网站导航布局。同时,可以像使用<div>标签、<span>标签一样来使用<nav>标签,可添加 id 或 class;而 <nav> 标签与<div>标签又有不同,即此标签一般只用于导航相关的位置,所以在一个 HTML 网页布局中可能就使用在导航条处,或与导航条相关的位置布局处。

4.6 XML 简单介绍

XML 同 HTML 关系非常密切,很多人认为 XML 是 HTML 的简单扩展,这实际上是一种误解,XML 并不是 HTML 的替代品。

4.6.1 XML 概述

1. XML

XML 的英文全称是 extensible markup language,即可扩展标记语言。之所以称之为可扩展，是因为它不像 HTML 那样只有固定的形式。在将来的网页开发中，XML 将被用来描述、存储数据，而 HTML 则是用来格式化和显示数据。对于 XML 最好的形容可能是：XML 是一种跨平台的，与软、硬件无关的处理信息的工具。

2. XML 文档

XML 文档由 DTD(document type definition)和 XML 文本组成。简单地说，DTD 就是一组标记符的语法规则，表明 XML 文本是怎样组织的。比如，DTD 可以表示一个<book>必须有一个子标记<author>，可以有或者没有子标记<pages>等，当然，一个简单的 XML 文本可以没有 DTD。下面是一个简单的 XML 文本：

```
<? xml version = "1.0" standalone = "yes"? ><book>haha</book>
```

其中以“?”开始并结尾的是进程说明，standalone 表示外围设备。这里外围设备可以理解为该 XML 文本没有应用其他的文件，因为 XML 文件可以应用 DTD 等外部数据。

3. XML 框架

XML 是一个通用的标准，它不属于个人，认证它的也不是一家公司，而是 W3C 组织。各家公司互相竞争的是它的框架。XML 框架是驾驭 XML 文件的结构，是一种高层次的结构控制，利用 XML 框架可以把商业逻辑分离出来，实现数据与计算的分离。截至 1999 年年底，著名的 XML 框架有 Microsoft 公司的 Biztalk 以及联合国贸易促进与电子商务中心(UN/CEFACT)和美国结构化信息发展组织(OASIS)联合推出的 EBXML 协议，相信在不久的将来会有更多的框架。

4.6.2 XML 的作用

XML 是为存储数据、携带数据和交换数据而设计的，而不是为了显示数据而设计的。

1. XML 可以从 HTML 中分离数据

通过 XML 可以在 HTML 文件之外存储数据。在不使用 XML 时，HTML 用于显示数据，数据必须存储在 HTML 文件之内；使用了 XML，数据就可以存放在分离的 XML 文档中。这种方法可以使用户集中精力在使用 HTML 做好数据的显示和布局上，并确保数据改动时不会导致 HTML 文件也需要改动，这样可以方便页面维护。

XML 数据可以以一种称为“数据岛”的形式存储在 HTML 页面中。用户仍然可以集中精力到使用 HTML 格式化和显示数据上。

2. XML 用于各种系统间的交换数据

通过 XML 可以在不兼容的系统之间交换数据。在现实生活中，计算机系统和数据库系统所存储的数据有多种形式，对于开发者来说，最耗费时间的工作就是在遍布网络的系统之间交换数据。把数据转换为XML格式存储将大大减少交换数据时的复杂性，并且可以使得这些数据能被不同的程序读取。

3. XML和B2B应用

使用XML可以在网络中交换金融信息。XML正在成为遍布网络的商业系统之间交换金融信息所使用的主要语言。许多与B2B(business to business)有关的完全基于XML的应用程序正在开发中。可以预见，在不远的将来会有更多关于XML和B2B的应用。

4. XML可以用于共享数据

通过XML，纯文本文件可以用来共享数据。既然XML数据是以纯文本格式存储的，那么XML提供了一种与软件和硬件无关的共享数据方法。这样创建一个能够被不同的应用程序读取的数据文件即可简化数据共享。同样，用户升级操作系统、升级服务器、升级应用程序、更新浏览器也变得更加容易。

5. XML可以用于存储数据

利用XML，纯文本文件可以用来存储数据。大量的数据可以存储到XML文件中或者数据库中。应用程序可以读写和存储数据，一般的程序可以显示数据。

6. XML可以充分利用数据

XML的数据可以被更多的用户使用。XML是与软件、硬件和应用程序无关的，可以使数据被更多的用户、更多的设备所利用，而不仅仅是基于HTML标准的浏览器。别的客户端和应用程序可以把XML文档作为数据源来处理，就像对待数据库一样，数据可以被各种各样的“阅读器”处理，这对某些人来说是很方便的，如视障者。

7. XML可以用于创建新的语言

XML是WAP和WML语言的“母亲”。无线标记语言(wireless markup language, WML)用于标记运行于手持设备(如手机)上的Internet程序。WML采用了XML的标准，读者可以在WML指南中获得更详细的了解。

思政园地

近年来，随着智能制造、工业互联网等政策利好持续释放，中国工业软件市场规模基本保持中高速增长。随着融合应用的日益深入，工业软件将进入快速发展期，有力支撑我国软件产业链升级和制造业转型升级。

我们应该重视我国高科技产品的发展，努力学习好自身的专业知识，早日为祖国的发展贡献自己的一份力量，推动祖国软件行业的发展。

习题

一、选择题

1. HTML 文档标题标记是(　　)。

A. ＜html＞　　B. ＜head＞　　C. ＜title＞　　D. ＜body＞

2. (　　)是用于实现网页浏览者(客户端)与服务器(或者说网页所有者)之间信息交互的一种页面元素,在网络上它被广泛用于各种信息的搜集和反馈。

A. 表单　　B. 表格　　C. 框架　　D. 超链接

3. ＜caption＞标记符的 align 属性用来控制表格标题的显示位置,其 align 属性有 4 种取值,默认情况下使用(　　)。

A. top　　B. bottom　　C. left　　D. right

4. 浏览器支持的音频文件格式不包括(　　)。

A. OGG　　B. MP3　　C. WAV　　D. APE

5. 表格间隙的设置是由(　　)属性来实现的。

A. border　　B. width　　C. cellspacing　　D. cellpadding

二、填空题

1. HTML 是__________的缩写,它是一种用于表示网页信息的符号标记语言。

2. HTML 文件由__________和__________组成。

3. 在使用图像标记符时,需要注意两点:一是__________,二是__________。

4. __________是指 Web 中从一个页面跳到另一个页面或从页面的一个位置跳转到另一位置的链接关系。

三、简答题

1. 简述 HTML 语言的作用。

2. HTML 的基本标记有哪些?简述它们各自的功能。

3. 简述 XML 的作用。

模块 5

JavaScript 脚本语言

JavaScript 语言的应用很广泛，它是一种基于对象的语言，在学习时一定要深刻理解其对象的含义，学好 JavaScript 语言对网页的设计与制作非常有益。

学习目标

- 掌握 JavaScript 的特点。
- 掌握 JavaScript 的编程基础。
- 了解 JavaScript 数据类型的基础知识。
- 掌握 JavaScript 过程和函数的一般应用。

5.1 JavaScript 基础知识

5.1.1 JavaScript 概述

JavaScript 是一种基于对象和事件驱动并具有安全性能的脚本语言。使用 JavaScript 的目的是与 HTML 和 Java 脚本语言(Java 小程序)一起实现在一个 Web 页面中链接多个对象，与 Web 客户交互，从而开发客户端的应用程序等。

JavaScript 是通过嵌入或调入标准的 HTML 语言中实现的。下面将详细讲解 JavaScript 的组成与特点。

1. JavaScript 的组成

JavaScript 是由 ECMAScript、DOM、BOM 三部分组成的，下面对这 3 个组成部分进行简单的介绍。

(1)ECMAScript：是 JavaScript 的核心。ECMAScript 规定了 JavaScript 的编程语法和基础核心内容，是所有浏览器厂商共同遵守的一套 JavaScript 语法工业标准。

(2)DOM：文档对象模型，是 W3C 组织推荐的处理可扩展标签语言的标准编程接口，通过 DOM 提供的接口，可以对页面上的各种元素进行操作(如大小、位置、颜色等)。

(3)BOM：浏览器对象模型，它提供了独立于内容的、可以与浏览器窗口进行互动的对象结构。通过 BOM 可以对浏览器窗口进行操作(如弹出框、控制浏览器导航跳转等)。

2. JavaScript 的特点

(1)JavaScript 是一种脚本语言，它采用小程序段的方式实现编程。像其他脚本语言一样，JavaScript 也是一种解释性语言，它提供了一个易于操作的开发过程。

(2)JavaScript 是一种基于对象的语言，这意味着它能运用自己已经创建的对象。因此，许多功能可以来自脚本环境中对象的方法与脚本的相互作用。

(3)JavaScript 具有简单性。简单性主要体现在它的设计基于 Java 基本语句和控制流之上，操作简单而紧凑，对于学习 Java 是一种非常好的过渡；其次，它的变量类型比较松散，对数据类型的要求不严格。

(4)JavaScript 具有安全性。JavaScript 是一种安全性语言，它不允许访问本地的硬盘，不允许将数据存入服务器上，不允许对网络文档进行修改和删除。用户只能通过浏览器实现信息浏览或动态交互，从而确保信息的安全性，有效地防止数据的丢失。

(5)JavaScript 具有动态性。JavaScript 是动态的，它可以直接对用户或客户输入做出响应，无须经过 Web 服务程序。它对用户的响应是采用事件驱动的方式进行的。

注意：

事件是指在主页中执行了某种操作后所产生的动作，比如按下鼠标、移动窗口、选择菜单等都可以视为事件。当事件发生后，可能会引起相应的事件响应。

(6)JavaScript 具有跨平台性。JavaScript 依赖于浏览器本身，与操作环境无关，只要计算机能运行浏览器，并且该浏览器支持 JavaScript，就可正确执行 JavaScript。

综上所述，JavaScript 是一种新的描述语言，它可以被嵌入 HTML 文件中。JavaScript 语言可以对使用者的需求事件(如 Form 的输入)进行直接回应，即当访问者输入信息时，信息是在客户端的应用程序被直接处理，不用经过传给服务器处理之后再传回来的过程。

5.1.2 JavaScript 代码引入方式

在 HTML 文档中，引入 JavaScript 代码有 3 种方式，分别是行内式、内嵌式和外链式，下面分别进行介绍。

(1)行内式。行内式是指将单行或少量的 JavaScript 代码写在 HTML 标签的事件属性中。下面通过案例演示行内式引入 JavaScript 代码，代码如下：

```
<!DOCTYPE html>
<html>
<head>
<title>JavaScript 行内式</title>
</head>
<body>
<input type="button" value="点我" onclick=alert("行内式")/>
</body>
</html>
```

在 Dreamweaver 2021 中运行上述代码，得到图 5-1-1 所示的结果。

在上述案例的代码中，onclick 属性的值就是 JavaScript 代码。alert("行内式")的作用是当单击图 5-1-1 中的“点我”按钮时，会自动弹出一个对话框，如图 5-1-2 所示。

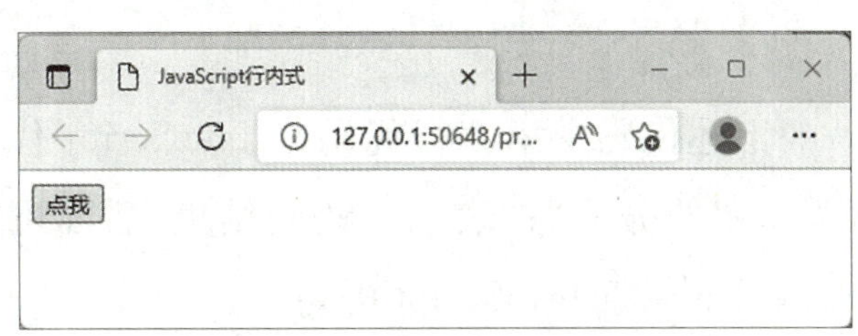

图 5-1-1　行内式引入 JavaScript 代码的效果图

图 5-1-2　单击“点我”按钮后弹出对话框

注意：

在实际开发中，使用行内式还需要注意以下 4 点。

①注意单引号和双引号的使用。在 HTML 中推荐使用双引号，而 JavaScript 推荐使用单引号。

②行内式可读性较差，尤其是在 HTML 中编写大量 JavaScript 代码时，不方便阅读。

③在遇到多层引号嵌套的情况时，非常容易混淆，导致代码出错。

④行内式只有临时测试或者特殊情况下才使用，一般情况下不推荐使用行内式。

(2)内嵌式。

在 HTML 文档中，可以通过<script></script>标签及其相关属性引入 JavaScript 代码。当浏览器读取到<script>标签时，就会解释执行其中的脚本。JavaScript 的内嵌式格式如下：

```
<script type="text/javascript">
    // 此处为 JavaScript 代码
</script>
```

在上述代码中，type 属性用于指定 HTML 文档引用的脚本语言类型，当 type 属性的值为 text/javascript 时，表示<script></script>元素中包含的是 JavaScript 脚本。

下面通过案例演示内嵌式引入 JavaScript 代码，代码如下：

```
<!DOCTYPE html>
<html>
<head>
<title>内嵌式</title>
  <script type="text/javascript">
    alert("内嵌式");
  </script>
</head>
<body>
</body>
</html>
```

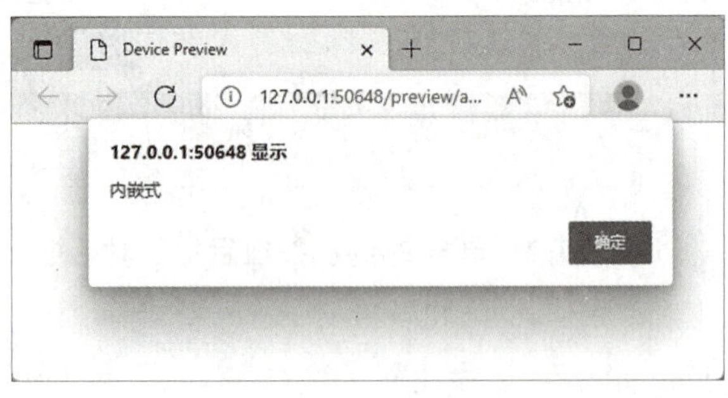

图 5-1-3　内嵌式引入 JavaScript 代码的效果图

上述代码中第 6 行代码是 JavaScript 代码，末尾的分号“;”表示该语句结束，后面可以编写下一条 JavaScript 语句。

在 Dreamweaver 2021 中运行上述代码，得到图 5-1-3 所示的结果。

(3)外链式。外链式是指将 JavaScript 代码写在一个单独的文件中，一般使用“js”作为文件的扩展名，在 HTML 文件中使用<script>标签进行引入 JavaScript 文件。外链式适合 JavaScript 代码量比较多的情况。

外链式有利于 HTML 页面代码结构化，把大段的 JavaScript 代码独立到 HTML 页面之外，既美观，也方便文件级别的代码复用。需要注意的是，外链式的<script>标签内不可以编写 JavaScript 代码。

在 HTML 文件中使用外链式引入 JavaScript 文件的语法如下：

```
<script type="text/javascript" src="JS 文件的路径"></script>
```

下面通过案例演示在 HTML 文档中通过外链式引用 JavaScript 文件。

(1)通过 Dreamweaver 2021 新建一个后缀名为“js”的文件，执行“文件”→“新建”命令，在“文档类型”中选择“JavaScript”选项，如图 5-1-4 所示。

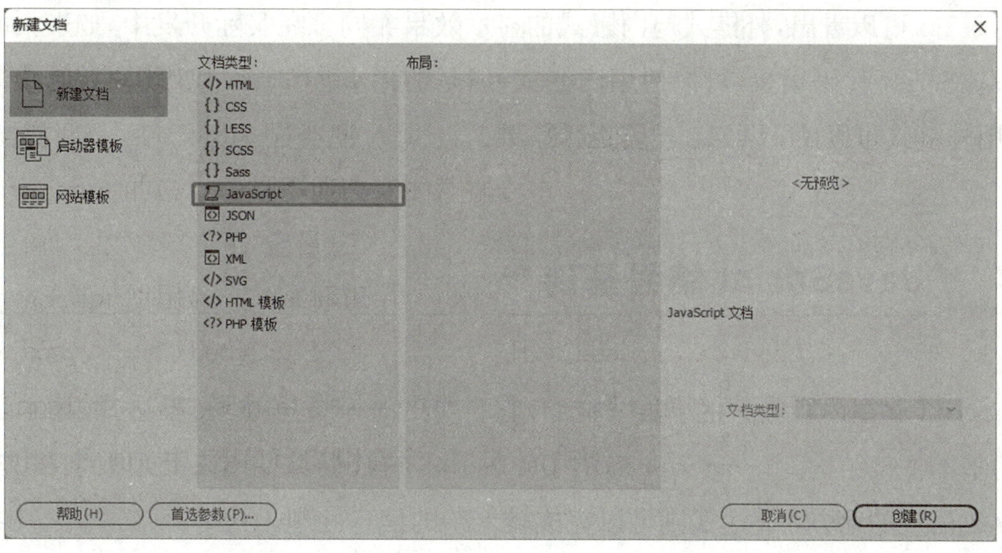

图 5-1-4 选择“JavaScript”选项

(2)在新建的后缀名为“js”的文件中添加代码如下：

```
alert("外链式");
```

(3)然后创建一个 HTML 文件，具体代码如下：

```
<!DOCTYPE html>
<html>
<head>
  <title>外链式</title>
    <script type="text/javascript" src="5-1-3.js"></script>
</head>
<body>
</body>
</html>
```

在上述代码中，第 5 行代码通过外链式引入 JavaScript 文件。

(4)在 Dreamweaver 2021 中运行上述代码，得到图 5-1-5 所示的结果。

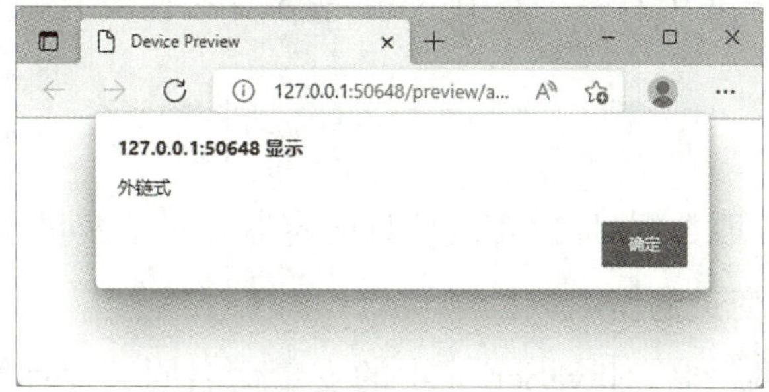

图 5-1-5 使用外链式引入 JavaScript 文件的效果图

由图 5-1-5 可以看出,外链式与内嵌式的显示效果相同。在实际开发中,如果页面中需要编写的 JavaScript 代码很少,可以使用内嵌式,但是如果 JavaScript 代码很多,通常会使用外链式,使用外链式可以使 HTML 代码更加整洁。

5.2 JavaScript 编程基础

JavaScript 脚本语言同其他语言一样,有它自身的基本数据类型、表达式、算术运算符以及程序的基本框架结构。JavaScript 提供了 4 种基本的数据类型用来处理数字和文字,而变量提供存放信息的地方, 表达式则可以完成较复杂的信息处理。

1. Java 的数据类型

在 JavaScript 中提供了数值、字符串型、布尔型(用 True 或 False 表示)和空值 4 种基本的数据类型。

在 JavaScript 的基本类型中,数据可以是常量,也可以是变量。由于 JavaScript 采用弱类型,因而一个数据是变量或常量不必首先做声明,而是在使用或赋值时确定其数据类型。当然也可以先声明该数据的类型。总之,在 JavaScript 中的数据是通过在赋值时自动说明其数据类型的。

2. JavaScript 中的常量

(1)整型常量。JavaScript 的常量通常称为字面常量,是不能改变的数据。整型常量可以使用八进制、十进制和十六进制表示其值。

(2)实型常量。实型常量由整数部分加小数部分表示,如 1. 23、0. 12;还可以用科学或标准方法表示,如 2E4、3e6。

(3)布尔常量。布尔常量只有两种状态:True 或 False。它主要用来说明或代表一种状态或标志,以说明操作流程。

(4)字符型常量。字符型常量是使用双引号或单引号括起来的一个或几个字符,如 "This is a book of JavaScript "、'123'、'hello' 等。

(5)空值。在 JavaScript 中有一个空值 Null,表示什么也没有,如试图引用没有定义的变量,则返回一个 Null 值。

3. JavaScript 的变量

变量的主要作用是存取数据、提供存放信息的容器。对于变量,必须明确变量的命名、变量的类型、变量的声明及变量的作用域。

(1)JavaScript 变量的命名。JavaScript 中的变量命名同其他计算机语言非常相似,这里要注意以下两点。

①必须是一个有效的变量名。变量需以字母开头，中间可以出现数字如 test1、num2 等。除下划线“_”作为连字符外，变量名称不能有空格、“+”“-”“,”等符号。

②不能使用 JavaScript 中的关键字作为变量。在 JavaScript 中定义了 40 多个关键字，这些关键字是在其内部使用的，不能作为变量的名称。如 var、int、double、true 不能作为变量的名称。

(2)JavaScript 变量的类型。在 JavaScript 中，变量可以用命令 var 做声明。例如：

```
var mytest;
```

该例子定义了一个 mytest 变量，但没有对它赋值。

又如：

```
var mytest = "This is a book of JavaScript";
```

该例子定义了一个 mytest 变量，同时对它赋初值。

在 JavaScript 中，变量也可以先不做声明，在使用时根据数据的类型来确定其变量的类型。例如：

```
x = 10;
y = "20";
z = True;
cost = 1.234;
```

其中 x 为整数，y 为字符串，z 为布尔型，cost 为实型。

(3)变量的声明及其作用域。JavaScript 变量可以在使用前先声明，并可赋值。通过使用 var 关键字对变量做声明。对变量做声明的最大好处就是能及时发现代码中的错误，因为 JavaScript 是采用动态编译的，使用动态编译不易发现代码中的错误，特别是变量命名方面的错误。

对于变量，还有一个重点——变量的作用域。在 JavaScript 中同样有全局变量和局部变量。全局变量是定义在所有函数体之外，其作用范围是所有函数；而局部变量是定义在函数体之内，只对该函数可见，而对其他函数是不可见的。

5.3 JavaScript 的过程和函数

JavaScript 脚本语言的基本构成是由控制语句、函数、对象、方法、属性等来实现编程。函数为程序设计人员提供了一个非常方便的途径。通常在进行一个复杂的程序设计时，总是根据所要完成的功能，将程序划分为一些相对独立的部分，每部分编写一个函数，使各部分相对独立，任务单一，程序清晰、易懂、易读、易维护。

本节将具体介绍 JavaScript 的过程和函数的定义和用法。

5.3.1 JavaScript 函数

可以将 JavaScript 函数封装在那些程序中可能要多次用到的模块，并可作为事件驱动的结果所调用的程序，从而实现将一个函数与事件驱动相关联，这是 JavaScript 与其他语言不一样的地方。

JavaScript 函数定义格式如下：

```
function 函数名 (参数,变元)
{
函数体;
return 表达式;
}
```

通过指定函数名(实参)来调用一个函数，必须使用 Return 关键字将值返回。

5.3.2 JavaScript 的事件驱动及事件处理

1. 基本概念

JavaScript 是基于对象(object)的语言，而基于对象的基本特征就是采用事件驱动。通常，鼠标或热键的动作称为事件(event)；由鼠标或热键引发的一连串程序的动作，称为事件驱动(event driver)；对事件进行处理的程序或函数，称为事件处理程序(event handler)。

2. 事件处理程序

在 JavaScript 中对象事件的处理通常由函数担任。其基本格式与函数完全一样，可以将前面所介绍的所有函数作为事件处理程序。事件处理程序的格式如下：

```
function 事件处理名(参数表){
事件处理语句集;
}
```

3. 事件驱动

JavaScript 事件驱动中的事件是通过鼠标或键盘的动作引发的。它主要有以下几个事件。

(1)单击事件 onClick。当用户单击鼠标时，产生 onClick 事件。同时，onClick 事件指定的事件处理程序或代码将被调用执行。单击事件通常在下列基本对象中产生：button(按钮对象)、checkbox(复选框或检查列表框)、radio(单选按钮)、reset buttons(重置按钮)、submit buttons(提交按钮)等。

例如，可通过下列按钮激活 change()函数：

```
<form>
<input type = "button" value = "change it" onClick = "change()">
</form>
```

在“onClick=”后，可以使用自己编写的函数作为事件处理程序，也可以使用 JavaScript 的内部函数，还可以直接使用 JavaScript 的代码等。例如：

```
<input type = "button" value = " " onClick = alert("这是一个例子")>
```

(2)改变事件 onChange。当利用 text 或 textarea 元素输入字符值发生改变时引发该事件，同时当在 select 表格项中一个选项状态改变后也会引发该事件。例如：

```
<form>
<input type = "text" name = "Test" value = "Test" onChange = "check()">
</form>
```

(3)选中事件 onSelect。当 text 或 textarea 对象中的文字被加亮后，引发该事件。

(4)获得焦点事件 onFocus。当用户单击 text 或 textarea 以及 select 对象时，引发该事件，此时该对象成为前台对象。

(5)失去焦点 onBlur。当 text 对象或 textarea 对象以及 select 对象不再拥有焦点而退到后台时，引发该事件，它与 onFocus 事件是一个对应的关系。

(6)载入文件 onLoad。当文件载入时，产生该事件。onLoad 事件的一个作用就是在首次载入一个文件时检测 Cookie 的值，并用一个变量为其赋值，使它可以被源代码使用。

(7)卸载文件 onUnload。当 Web 页面退出时引发 onUnload 事件，并可更新 Cookie 的状态。

4. 事件驱动示例

这里介绍一个有关事件驱动的示例，程序名为 drive. html。具体步骤如下。

(1)在 Dreamweaver 2021 中新建名称为 drive. html 的文件，并在该文件中输入如下代码：

```
<!DOCTYPE html>
<html>
<head>
<meta charset = "utf-8">
<title>一个 JavaScript 的测试程序</title>
<script type = "text/javascript">
function kkk(){
```

```
do{
username = prompt("请问您是谁","");
}while(username = = "")
document.write(username,",请多多关照!");
}
</script>
</head>
<body>
<input type = "button" value = "你敢碰我吗?" name = button1 onClick = "kkk()">
</body>
</html>
```

需要注意的是,do...while(表达式)是循环语言,当 while(表达式)中的表达式为 TRUE 时停止循环,do...while(表达式)不论表达式为 TRUE 或 FALSE,都会循环一次。

(2)起始页如图 5-3-1 所示,上面只有一个元素,即一个按钮。如果不设置任何事件,单击该按钮后不会有任何反应。但现在定义了单击按钮的 onClick 事件,并把事件交给了脚本程序 kkk()处理,这是实现交互的第一步。接着,用户单击按钮后,弹出图 5-3-2 所示的 JavaScript 对话框,该对话框提示用户输入姓名。这时,只要在文本框中输入姓名后单击"确定"按钮,就可以看到浏览器中的显示结果,如图 5-3-3 所示。

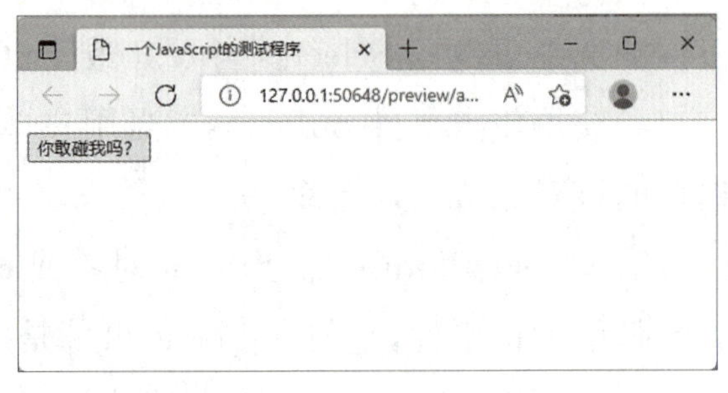

图 5-3-1　drive.html 的文件运行后的起始页

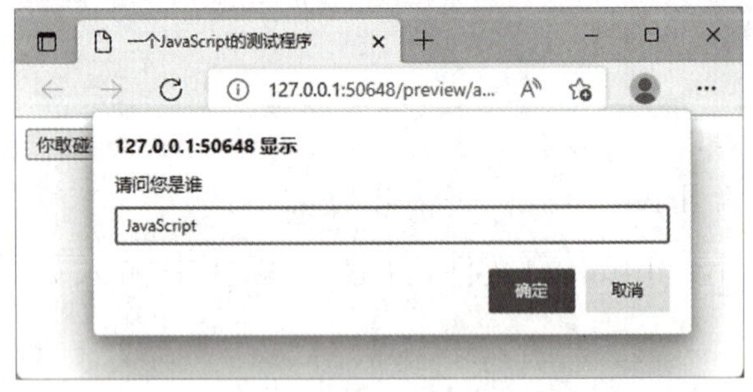

图 5-3-2　"用户提示"对话框

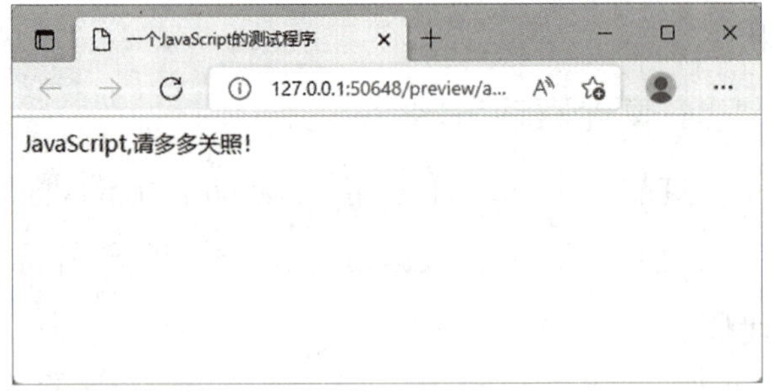

图 5-3-3　显示结果

5.3.3　创建 JavaScript 对象

使用 JavaScript 可以创建自定义对象。虽然 JavaScript 内部和浏览器本身的功能已十分强大,但 JavaScript 还提供了一个创建新对象的方法,能够完成许多复杂的工作,而其他如超文本标记语言,则需要求助于其他多媒体工具才能工作。

在JavaScript中创建一个新的对象十分简单。首先必须定义一个对象,然后为该对象创建一个实例。这个实例就是一个新对象,它具有对象定义中的基本特征。

1. 对象的定义

JavaScript对象定义的基本格式如下:

```
function Object(属性表){
This.prop1 = prop1;
This.prop2 = prop2;
…
This.meth = FunctionName1;
This.meth = FunctionName2;
…
}
```

在一个对象的定义中,可以为该对象指明其属性和方法。通过属性和方法构成了一个对象的实例。例如,关于university对象的定义如下:

```
function university(name,city,creatDate,URL){
This.name = name;
This.city = city;
This.creatDate = New Date(creatDate);
This.URL = URL;
}
```

其中:

name指定一个“大学”名称;city指“大学”所在城市;creatDate指记载university对象的更新日期;URL仪表该对象指向一个网址。

2. 创建对象实例

一旦对象定义完成后,就可以为该对象创建一个实例,具体格式如下:

```
NewObject = New Object();
```

其中,NewObject是新的对象,Object是已经定义好的对象。例如:

```
U1 = New university("TsingHua","BeiJing","March 03,2020",
"http://www.TsingHua.edu.cn");
U2 = New university("PKU","BeiJing",
"March 03,2020","http://www.PKU.edu.cn");
```

3. 对象方法的使用

在对象中除了使用属性外，有时需要使用方法。在对象的定义中，“This. meth = FunctionName”语句就是用于定义对象的方法。对象的方法实质上就是一个函数 FunctionName，通过它实现某个意图。

例如，在 university 对象中增加一个方法，该方法是显示它自己，并返回相应的字符串。代码如下：

```
function university(name,city,creatDate,URL){
This.name = name;
This.city = city;
This.creatDate = New Date(creatDate);
This.URL = URL;
This.showuniversity = showuniversity;
}
```

其中 This. showuniversity 定义了一个方法 showuniversity()，而 showuniversity()方法实现了对 university 对象本身的显示。代码如下：

```
function showuniversity(){
for (var prop in this){
alert(prop + = " + this.prop + ");
}
}
```

注意：

alert 是 JavaScript 的内部函数，用于显示字符串。

5.3.4 JavaScript 中常用对象

在 JavaScript 中，对象是一种数据类型，它是由属性和方法组成的一个集合。属性是指事物的特征，方法是指事物的行为。下面我们具体介绍一下 JavaScript 的常用对象。

1. window 对象

window 对象表示整个浏览器窗口，它处于对象层次的顶端，可用于获取浏览器窗口的大小、位置，或设置定时器等。在使用时，JavaScript 允许省略 window 对象的名称。

window 对象常用的属性和方法见表 5-3-1。

表 5-3-1 window 对象常用的属性和方法

类型	名称	说明
属性	document、history、location、navigator、screen	返回相应对象的引用。如 document 属性返回 document 对象的引用
	parent、self、top	分别返回父窗口、当前窗口和最顶层窗口的对象引用
	innerWidth、innerHeight	分别返回窗口文档显示区域的宽度和高度
	outerWidth、outerHeight	分别返回窗口的外部宽度和高度
方法	open()、close()	打开或关闭浏览器窗口
	alert()、confirm()、prompt()	分别表示弹出警告框、确认框、用户输入框
	setTimeout()、clearTimeout()	设置或清除普通定时器

2. Date 对象

Date 对象是一个有关日期和时间的对象，它具有动态性，必须使用 new 关键字创建一个实例才能使用。使用 new 关键字创建 Date 对象实例的语法如下：

```
var Mydate = new Date();
```

Date 对象没有提供直接访问日期的属性，只有获取和设置日期的方法，其常用方法见表 5-3-2。

表 5-3-2 Date 对象的常用方法

获取方法	说明	设置方法	说明
getFullYear()	返回 4 位数年份	setFullYear()	设置年(用 4 位数的年份)
getMonth()	返回月份值(0～11)	setMonth()	设置月份值(0～11)
getDate()	返回日期值(1～31)	setDate()	设置日期值(1～31)
getDay()	返回星期值(0～6)	setDay()	设置星期值(0～6)
getHours()	返回小时值(0～23)	setHours()	设置小时值(0～23)
getMinutes()	返回分钟值(0～59)	setMinutes()	设置分钟值(0～59)
getSeconds()	返回秒数值(0～59)	setSeconds()	设置秒数值(0～59)
getTime()	返回从 1970 年 1 月 1 日至今的毫秒数	setTime()	使用毫秒形式设置 Date 对象

3. String 对象

String 对象是 JavaScript 提供的字符串处理对象，创建对象实例后才能使用，它提供了处理字符串的属性和方法，见表 5-3-3。

表 5-3-3 String 对象常用属性和方法

类型	名称	说明
属性	length	返回字符串中字符的个数。注：一个汉字也是一个字符

（续表）

类　型	名　称	说　明
方法	indexOf(str[,startIndex])	从前向后检索字符串
	lastIndexOf(search[,startIndex])	从后向前搜索字符串
	substr(startIndex[,length])	返回从起始索引号提取字符串中指定数目的字符
	substring(startIndex [,endIndex])	返回字符串中两个指定的索引号之间的字符
	split(separator [,limitInteger])	把字符串分割为字符串数组
	search(substr)	检索字符串中指定子字符串或与正则表达式相匹配的值
	replace(substr,replacement)	替换与正则表达式匹配的子串
	toLowerCase()	把字符串转换为小写
	toUpperCase()	把字符串转换为大写
	localeCompare()	用本地特定的顺序来比较两个字符串

5.4 JavaScript 的基本语法

JavaScript 的运算符、程序语句与其他语言很相似，下面进行简要介绍。

5.4.1 JavaScript 表达式和运算符

定义完变量后，可以对它们进行赋值、改变、计算等一系列操作，这一过程通常称为一个表达式。表达式可以分为算术表述式、字符串表达式、赋值表达式及布尔表达式等。

运算符是完成操作的一系列符号。在 JavaScript 中有算术运算符、比较运算符、逻辑运算符、字符串运算符等。

运算符主要分为双目运算符和单目运算符。其中双目运算符的格式如下：

```
操作数 1  运算符  操作数 2
```

而单目运算符只需一个操作数，其运算符可在操作数之前或之后。

1. 算术运算符

在 JavaScript 中的算术运算符及其用法说明见表 5-4-1。

表 5-4-1　算术运算符

运　算　符	运算符说明	示　　例
+	加法	$x+y$
−	减法	$x-y$

（续表）

运算符	运算符说明	示例
*	乘法	$x*y$
/	除法	x/y
%	求余	$x\%y$
++	递增	$x++$
--	递减	$y--$

2. 比较运算符

在 JavaScript 中的比较运算符及其用法说明见表 5-4-2。

表 5-4-2 比较运算符

运算符	运算符说明	示例
<	小于	$x<y$
>	大于	$x>y$
==	等于	$x==y$
===	全等于（值相等，数据类型也相等）	$x===y$
<=	小于等于	$x<=y$
>=	大于等于	$x>=y$
!=	不等于	$x!=y$
!==	不全等于	$x!==y$

3. 逻辑运算符

在 JavaScript 中的逻辑运算符及其用法说明见表 5-4-3。

表 5-4-3 逻辑运算符

运算符	运算符说明	示例
&&	与（and）	$x<10$ && $y>1$
!	非（not）	!($x==y$)||或(or)$x==8$||$y==8$

5.4.2 JavaScript 流程控制语句

在任何一种语言中，程序控制流都是必需的，它能使整个程序顺利执行。在 JavaScript 中常用的程序控制流结构及语句有以下几种。

1. if 条件语句

if 条件语句的基本格式如下：

```
if (表达式)
{语句段 1;}
```

```
else if(表达式)
{语句段 2;}
…
else
{语句段 3;}
```

若 if 表达式的结果为 true,则执行语句段 1;若 else if 表达式的结果为 true,则执行语句段 2;以此类推,如果没有匹配的表达式,则执行 else 后的语句段 3。

if... else... 语句是 JavaScript 中最基本的控制语句,通过它可以改变语句的执行顺序。下面通过案例演示 if 条件语句,代码如下:

```
<!DOCTYPE html>
<html>
<head>
<meta charset="utf-8">
<title>if 条件语句</title>
  <script type="text/javascript">
    function kkk(){
    do{
  fs=prompt("请输入你的分数","");
  }while(fs == "")
        if (fs >= 90) {
            document.write("A");
        } else if (fs >= 80) {
            document.write("B");
        } else if (fs >= 70) {
            document.write("C");
        } else if (fs >= 60) {
            document.write("D");
        } else {
            document.write("E")
        }
    }
</script>
</head>
<body>
```

```
<input type = "button" value = "单击输入分数" name = button1 onClick = "kkk()">
</body>
</html>
```

在 Dreamweaver 2021 中运行上述代码，得到图 5-4-1 所示的结果。

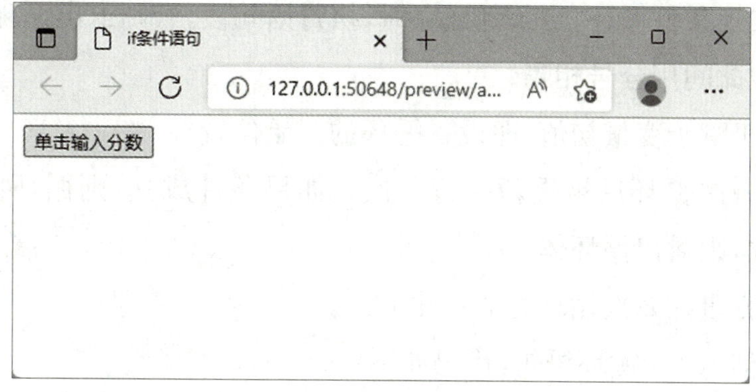

图 5-4-1　if 条件语句首页的效果图

单击“单击输入分数”按钮，弹出输入分数的对话框，如图 5-4-2 所示。

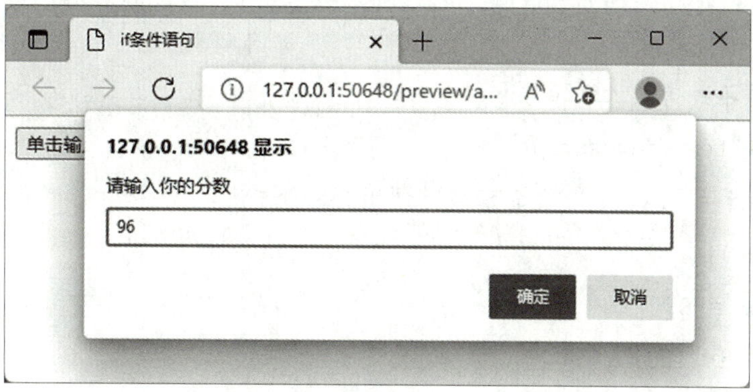

图 5-4-2　输入分数的对话框

在图 5-4-2 中单击“确定”按钮，即可显示等级，如图 5-4-3 所示。

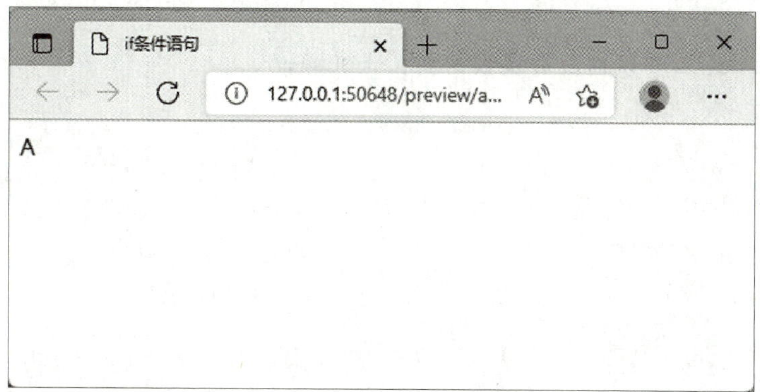

图 5-4-3　显示分数的等级

2. for 循环语句

for 循环语句的基本格式如下：

```
for(初始化;条件;增量)
{语句段;}
```

for 循环语句实现条件循环，当条件成立时，执行语句段，否则退出循环体。一个 for 语句由 3 个部分组成，彼此间用分号相隔。

(1)初始化：用于赋予变量初值，即设置循环的开始位置。

(2)条件：在每一次循环后被重新执行一次。如果条件成立，则循环体内的语句段被执行；如果条件不成立，则跳出循环体。

(3)增量：控制变量在每次循环时的变化方式。

下面通过案例演示 for 循环语句，代码如下：

```
<!DOCTYPE html>
<html>
<head>
<meta charset="utf-8">
<title>for 循环语句</title>
<script type="text/javascript">
 window.onload = kkk(); //页面加载时调用 kkk()方法
 function kkk(){
       var sum = 0;
 for(var i=0; i<100; i++){
 if(i%2==0){
 sum += i;
 }
 }
 document.write("100 以内所有偶数的和:"+sum);
       }
</script>
</head>
<body>
</body>
</html>
```

在 Dreamweaver 2021 中运行上述代码，得到图 5-4-4 所示的结果。

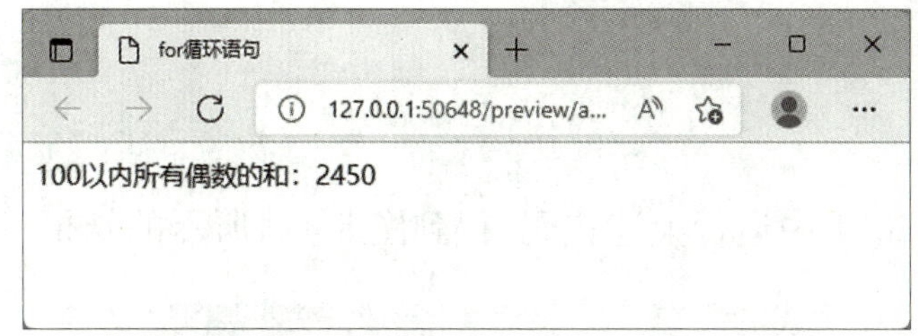

图 5-4-4 for 循环语句的演示效果

3. while 循环语句

while 循环语句所控制的循环不断测试一个条件，当条件成立时，循环体被持续执行，直到条件不成立。如果 while 语句中的条件一开始就不成立，程序会自动跳过循环，而转去执行下一条有效的 JavaScript 语句。

while 循环语句的基本格式如下：

```
while(条件)
{语句段;}
```

当条件为真时，重复循环，否则退出循环体。

下面通过案例演示 while 循环语句，代码如下：

```
<!DOCTYPE html>
<html>
<head>
<meta charset="utf-8">
<title>while 循环语句</title>
<script type="text/javascript">
  window.onload = kkk();
  function kkk(){
  var sum = 0;
  var j = 1;
  while (j <= 100) {
  sum += j;
    j++;
  }
   document.write("计算 1~100 之间所有正整数的和:" + sum);
        }
</script>
</head>
<body>
```

```
</body>
</html>
```

在 Dreamweaver 2021 中运行上述代码,得到图 5-4-5 所示的结果。

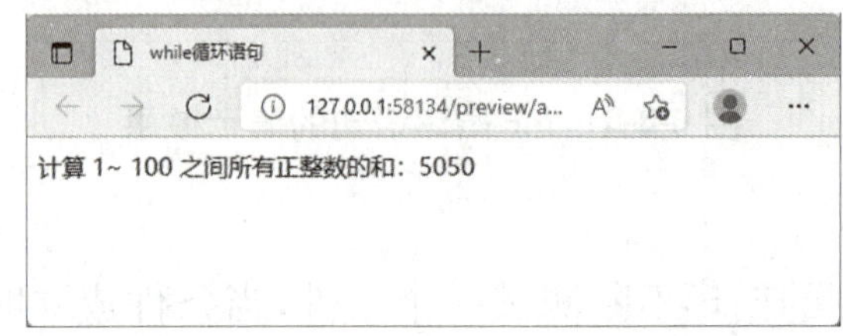

图 5-4-5 while 循环语句的演示效果

注意:

在 JavaScript 中,使用 break 语句使得循环从 for 或 while 语句中跳出;使用 continue 语句使得程序跳过循环体内剩余的语句而进入下一次循环。

思政园地

我国非常重视数字媒体技术,数字媒体技术产业化基地(上海)建设成为数字媒体的技术中心、人才培训中心、创业孵化中心、国际合作中心,是我国规模最大的数字媒体产业基地之一,对全国乃至世界数字媒体产业发展具有较强的辐射力和影响力。国家数字媒体技术产业化基地(长沙)以卡通动漫为主要特色,建设成为世界一流的卡通动漫节目制作和传播中心、数字媒体技术研发和辐射中心、国内外数字动漫成果转化中心、卡通动漫人才集聚和培养中心。同时,以成都高新区为核心载体,由省、市、区三级共建,以政府主导,建立企业化管理的基地公司,按照市场运作的模式,建立面向以数字游戏为重点的数字媒体专业技术平台服务体系。目前,基地内数字媒体产业粗具规模,涌现出如INTEL、GAMELOFT、盛大、金山、腾讯、斯普软件、梦工厂、欢乐数码等数十家数字媒体技术与产品研发企业。

习题

一、选择题

1. JavaScript 是(   )的,它可以直接对用户或客户输入做出响应,无须经过 Web 服务程序。

A. 静态　　B. 动态　　C. 面向对象　　D. 跨平台

2. JavaScript 采用(　　)的形式,一个数据的变量或常量不必首先做声明,而是在使用或赋值时确定其数据类型。

A. 弱类型　　B. 强类型　　C. 弱定义　　D. 强定义

3. JavaScript 的(　　)是不能改变的数据。

A. 定值　　B. 定量　　C. 常量　　D. 变量

4. JavaScript 使用(　　)来标识。

A. <body>…</body>　　B. <head>…</head>

C. <applet>…</applet>　　D. <script>…</script>

5. 在 JavaScript 中,变量可以用命令(　　)做声明。

A. int　　B. var　　C. true　　D. function

二、填空题

1. JavaScript 采用__________,即 JavaScript 的对象引用在运行时进行检查。

2. 在 JavaScript 中包含 4 种基本的数据类型:__________、__________、__________和__________。

3. JavaScript 脚本语言的基本构成是由__________、__________、__________、方法、属性等来实现编程的。

4. 在 JavaScript 中,__________是定义在所有函数体之外,其作用范围是全部函数;而__________是定义在函数体之内,只对其所在函数是可见的,而对其他函数则是不可见的。

5. 通常,鼠标或键盘的动作称为__________,而由鼠标或键盘引发的一连串程序的动作称为__________。

三、简答题

1. 简述 JavaScript 的基本特点。

2. JavaScript 事件驱动中的事件有哪些?

模块 6

使用表单

在日常生活中，人们经常用到各种各样的注册信息或问卷调查，这些均涉及表单功能。本模块将介绍如何利用表单收集用户信息。HTML 表单主要用于收集不同类型的用户输入。在 HTML5 中，表单有更多新的表单输入类型，这些新的特性提供了更好的输入控制和验证。

学习目标

- 掌握表单的基本概念。
- 掌握创建表单的方法。
- 掌握插入表单对象的方法。
- 掌握使用和插入 Spry 表单验证对象的方法。
- 掌握利用 Spry 验证构件制作表单的方法。

6.1 表单概述

简单地说，表单就是用户在网页上输入信息的区域，用来实现网页与用户的交互和沟通，通过表单可以收集用户输入的不同类型的信息。

例如，用户进入中国工商银行网上银行的首页，显示图 6-1-1 所示的注册页面，尚未注册的用户可以通过该页面进行注册，这就是利用表单实现用户与网站之间交互的实例。

在网页中，一个完整的表单通常是由表单控件、提示信息和表单域（或称为表单元素）三部分组成的，如图 6-1-1 所示。

(1)表单控件：包含表单功能项，如单(多)行文本输入框、密码输入框、单选按钮、复选框、提交按钮、列表框等。

(2)提示信息：表单中应该包含说明性文字，提示用户应如何填写或操作，便于系统接收用户信息。

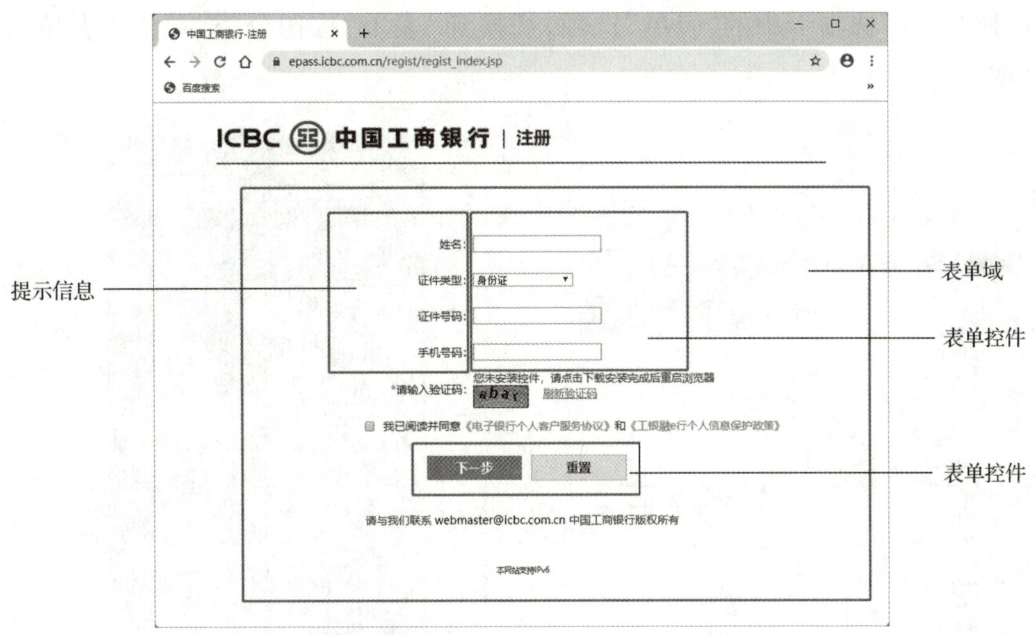

图 6-1-1 中国工商银行注册页面

(3)表单域:用来容纳所有提示信息和表单控件的容器,可以通过它定义、处理表单数据所用程序的 URL 地址及将数据提交到服务器的方法。如果不定义表单域,表单中的数据将无法传送到后台服务器。当填完信息并提交后,表单的内容就从客户端的浏览器传送到服务器上,经过服务器处理后,再将用户所需信息传回客户端的浏览器上,这样网页就具有了交互性。

形象地说,表单搭建了用户与网站之间沟通的桥梁。

6.2 创建表单

要创建表单,首先要插入表单域。表单域是表单的范围标识,所有的表单对象都要存在于表单域内才能实现各自的作用。

1. 插入表单域

在 Dreamweaver 2021 中,既可以利用菜单命令插入表单域,也可以利用“插入”选项卡来插入表单域。

(1)利用菜单命令插入表单域的方法。将光标放到文档中需要插入表单的位置,选择菜单命令“插入”→“表单”→“表单”,如图 6-2-1 所示。

(2)利用“插入”工具栏插入表单域的步骤如下。

①将光标放到文档中需要插入表单的位置,选择菜单命令“窗口”→“插入”,打开“插入”工具栏。

②选择“插入”选项卡中的“表单”选项，切换到“表单”按钮分类，单击 “表单”按钮，如图 6-2-2 所示。

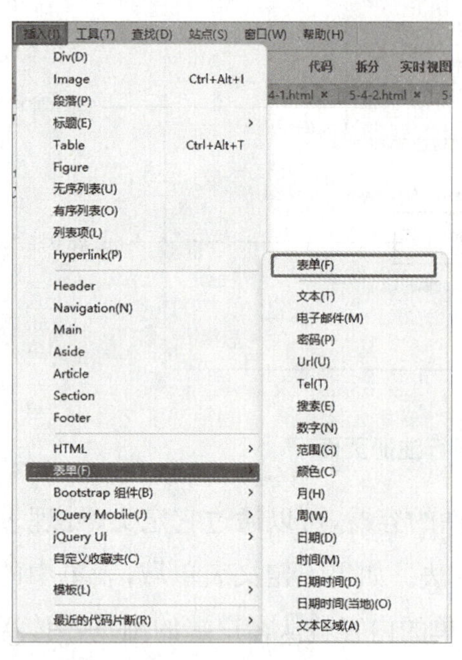

图 6-2-1　利用菜单命令插入表单域

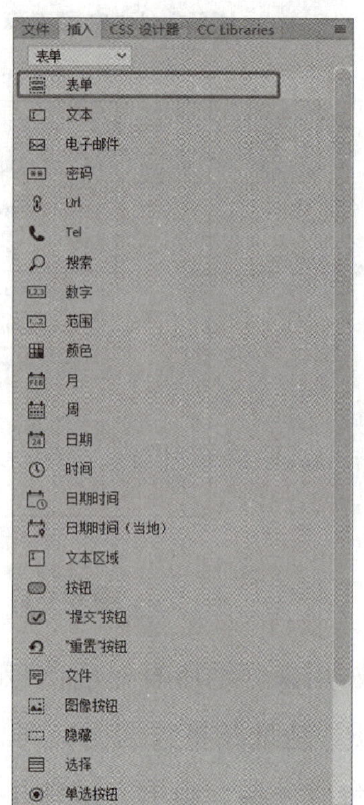

图 6-2-2　利用“插入”工具栏插入表单域

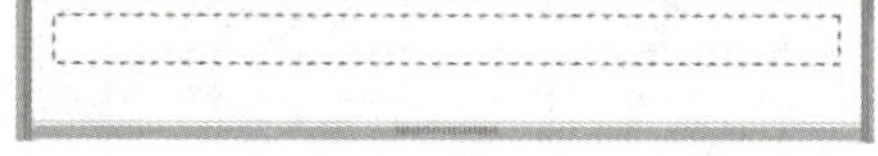

图 6-2-3　表单域的矩形红线

表单域插入后，文档在插入表单域的位置显示出表单域的矩形红线，所有表单对象都被包含在这个红线区域内，如图 6-2-3 所示。

注意：

将视图切换到“设计”模式，如果还不能正常显示矩形红线，则可以选择菜单命令“查看”→“可视化助理”→“不可见元素”，即可重新显示该矩形红线。

2. 创建简单的表单

在 Dreamweaver 2021 中将新建的<form></form>标签即为定义表单域，以实现用户信息的收集和传递，<form>与</form>之间的所有内容均会被提交给服务器。创建表单的语法格式如下：

```
<form action="url 地址"method="提交方式"name="表单名称">
各种表单控件
</form>
```

在上面的语法中，<form>与</form>之间的一切都属于表单的内容，可以由用户自定义表单控件，还可以设置表单的基本属性，包括表单的名称、处理程序、传送方式等。一般情况下，表单的处理程序属性 action 和传送方式属性 method 是必不可少的。

(1)处理程序属性 action。action 属性规定当提交表单时向何处发送表单数据。在 HTML5 中，action 属性不再是必要的。action 属性可以处理表单的数据脚本或程序，该值可以是程序或脚本的一个完整 URL。

URL 可能的值有以下几种。

①绝对 URL：指向另一个网站，如 action="http://www.lqexample.com/lqexample.html"。

②相对 URL：指向网站内的一个文件，如 action="lqexample.html"。

③表单数据以电子邮件的形式传递出去，如 action="mailto:lqxszy@163.com"。

表单的处理程序定义的是表单要提交的地址，也就是表单中收集到的资料将要传递的程序地址。

(2)传送方式属性 method。method 属性用于设置表单数据的提交方式，其取值为 get 或 post，它决定了表单中已收集的数据是用什么方式发送到服务器的。

表单数据可被作为 URL 变量的形式来发送(method="get")，或者作为 HTTP post 事务的形式来发送(method="post")。

①关于 get 的解释：URL 的长度是有限的；绝不能使用 get 来发送敏感数据(数据在 URL 中是可见的)；get 更适用于非安全数据，如在 Google 中查询字符串；将表单数据以名称/值对的形式附加到 URL 中，对于用户希望加入书签的表单提交很有用。

②关于 post 的解释：URL 没有长度限制；通过 post 提交的表单不能加入书签；将表单数据附加到 HTTP 请求的 body 内(数据不显示在 URL 中)。

③在没有指定 method 属性值的情况下，取 get 为默认值。

(3)表单名称属性 name。name 属性用于给表单命名，在 JavaScript 中引用元素或在表单提交之后引用表单数据。其中，指定表单的名称主要用于区分同一个页面中的多个表单。但是表单名称中不能包含特殊符号和空格。例如，reg\或-login 都是不合法的。

(4)自动完成属性 autocomplete。autocomplete 属性是 HTML5 中的新属性。autocomplete 属性规定表单是否应该启用自动完成功能。自动完成属性允许浏览器对字段的输入进行预测。当用户开始输入字段时，浏览器基于之前输入过的值，应该显示出在字段中填写的选项。

使用方法如下：

```
<form autocomplete = "on|off">
```

其中，属性值为 on(默认值)时，规定启用自动完成功能。浏览器会基于用户之前输入的值自动完成值的输入。属性值为 off 时，规定禁用自动完成功能。每次使用时用户都必须在每个字段中输入值，浏览器不会自动完成输入。

注意：

除了 Opera 浏览器，其他主流浏览器都支持自动完成属性。

下面通过案例演示创建简单的表单，代码如下：

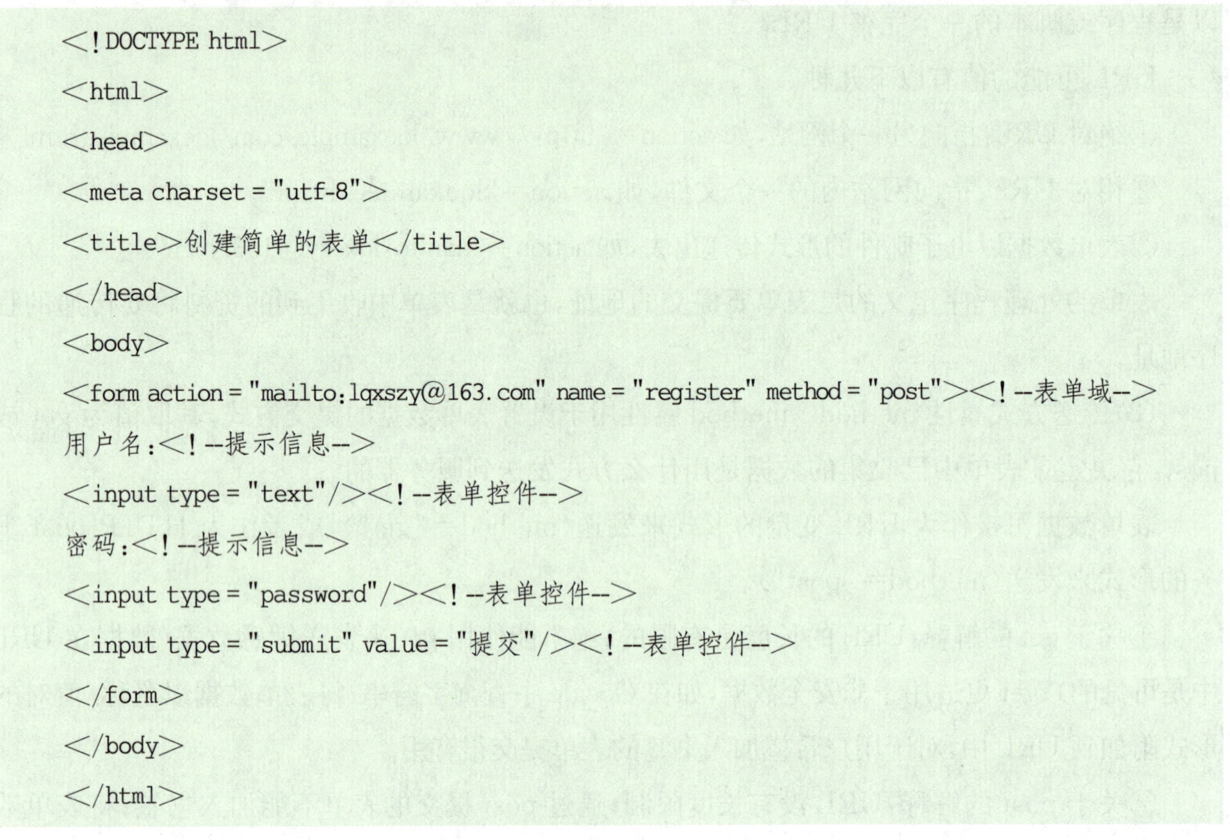

```
<!DOCTYPE html>
<html>
<head>
<meta charset="utf-8">
<title>创建简单的表单</title>
</head>
<body>
<form action="mailto:lqxszy@163.com" name="register" method="post"><!--表单域-->
用户名:<!--提示信息-->
<input type="text"/><!--表单控件-->
密码:<!--提示信息-->
<input type="password"/><!--表单控件-->
<input type="submit" value="提交"/><!--表单控件-->
</form>
</body>
</html>
```

图 6-2-4　创建简单的表单的效果图

在 Dreamweaver 2021 中运行上述代码，得到图 6-2-4 所示的结果。

上述代码是将表单 register 的内容以 post 方式通过电子邮件的形式传送出去。该案例设计了表单提示信息和表单控件（用于输入用户名的文本框、用于输入密码的密码框和“提交”按钮），输入用户名和密码，单击“提交”按钮后，出现图 6-2-5 所示的提示信息，单击“确定”按钮，出现图 6-2-6 所示的提示信息，单击“允许”按钮，进入图 6-2-7 所示的发送邮件界面。

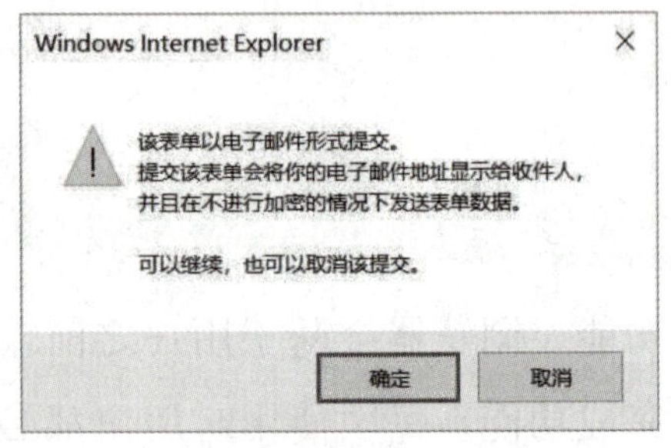

图 6-2-5　提交表单时的提示信息 1

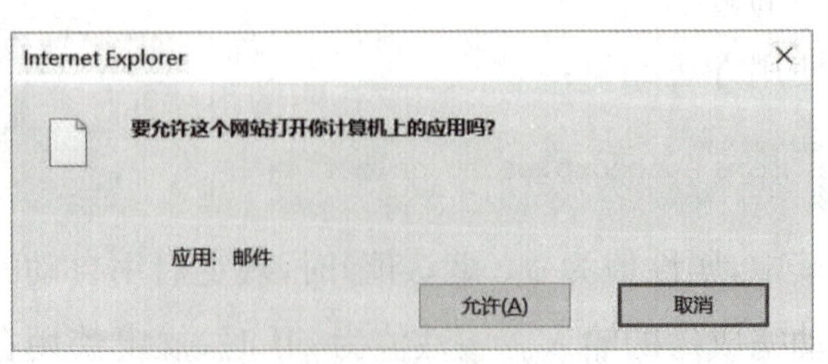

图 6-2-6　提交表单时的提示信息 2

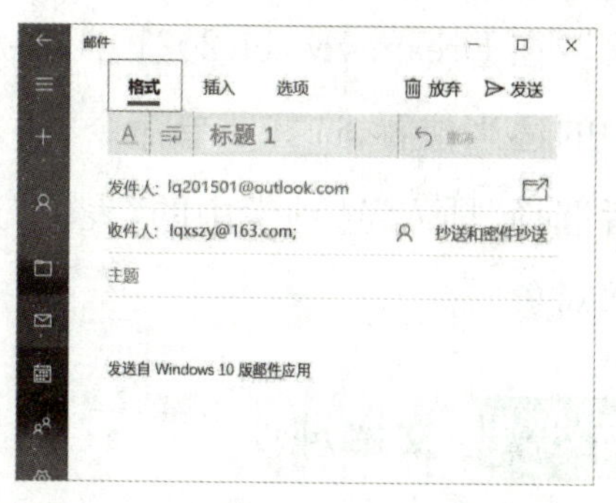

图 6-2-7　提交表单时的提示信息 3

注意：

运行上述代码后，在密码框中输入密码时，只显示黑色实心圆点，以此代替输入的密码信息，起到保密作用。

<form>标记的属性并不会直接影响表单的显示效果，若想让表单有现实意义，就必须在<form>与</form>之间添加相应的表单控件。创建简单的表单案例中简单地应用了几种常用控件，如文本框、密码框、“提交”按钮等，类似这样的控件还有许多。

总之，表单<form>标记只有与它所包含的具体控件相结合，才能真正实现表单收集信息的功能。

6.3　插入表单对象

在 HTML5 之前，HTML 表单仅支持少数的 input 输入类型，在 HTML5 中新增了许多 input 类型，表 6-3-1 中列举了很多常用的表单控件，用户可以根据数据需要选用适合的表单对象，在使用表单对象的时候，所有对象都被包含在一个有标识符引入的表单结构中。

表 6-3-1　常用的表单对象

表单对象名	标　签	type 属性值	说　明
文本框	input	text	接收任何格式的文本、数字和字符
密码框		password	接收用户输入的口令
按钮		button	添加一个按钮
提交按钮		submit	单击提交按钮，表单数据上传到服务器
重置按钮		reset	单击重置按钮，表单数据被丢弃
单选按钮		radio	提供唯一的选择
复选框		checkbox	提供多项选择
隐藏域		hidden	收集或发送信息的不可见元素
文件上传框		file	用于从客户端上传文件到服务器
颜色文本框		color	专门用于设置颜色的文本框
日期文本框		date	专门用于选取日期的文本框
范围数字文本框		range	专门用于输入包含一定范围数字值的文本框
数字文本框		number	专门用于输入数字的文本框
文本域	textarea	无	提供多行文本的输入
下拉选择框	select	option 标签给出选项	在有限的网页空间内，实现多种选择

在 Dreamweaver 2021 中，各种表单对象的插入方法基本相同。将光标放置到表单区域中的适当位置，选择菜单命令“插入”→“表单”，在弹出的子菜单中选择相应的菜单项即可，或者选择“插入”选项卡中的“表单”选项，在“表单”列表中单击相应的按钮，即可插入指定的表单对象。

6.3.1 文本域

文本域也称为文本字段，主要用于接收用户输入的任何格式的文本、数字和字符。在表单中使用文本域，可以分为插入文本域和设置文本域属性两个步骤。

1. 插入文本域

在网页中插入文本域的步骤如下。

(1)将光标放置到表单域内适当的位置，在“插入”选项卡的“表单”分类中单击“文本域”按钮，或者选择菜单命令“插入”→“表单”→“文本域”，则会添加如下代码：

```
<input type = "text">
```

(2)然后将光标放置添加的代码中，通过 Dreamweaver 2021 设置文本域的属性，在菜单栏中单击“窗口”→“属性”，弹出“属性”面板，如图 6-3-1 所示。

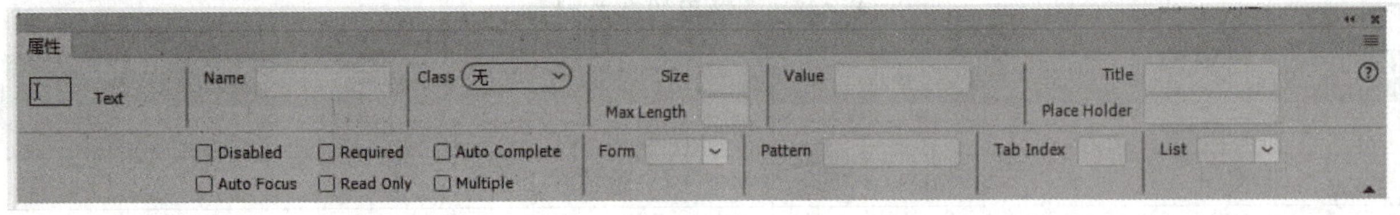

图 6-3-1　文本域的“属性”面板

其中 Name 文本框用于设置该文本域的名称，Value 文本框用于设置该文本域的提示信息。设置参数后，文本域会自动更新，如图 6-3-2 所示。

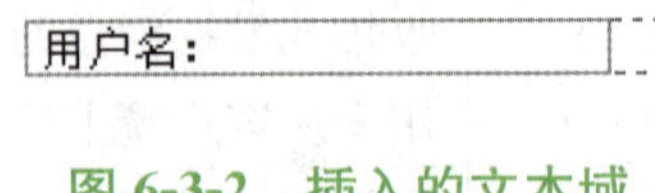

图 6-3-2　插入的文本域

2. 设置文本域属性

网页中的文本域可以分为单行文本框、多行文本框和密码框 3 种类型。

(1)单行文本框。Dreamweaver 2021 能够允许用户方便地设置宽度、允许输入的最大字符数以及文本域的初始值等属性。这些属性都可以在文本域组件被插入后，根据实际需要在文本域的“属性”面板中进行设置。Size 文本框表示输入字符宽度，MaxLength 文本框表示可

输入的最多字符数。

(2)多行文本框。选择“表单”选项中的“文本区域”,如图 6-3-3 所示,可直接插入多行文本域。

在菜单栏中单击“窗口”→“属性”,弹出“属性”面板,如图 6-3-4 所示。

关于文本区域的属性需要注意的是,Rows 属性代表文本框的行数,Cols 属性代表文本框的列数。

(3)密码框。在 Dreamweaver 2021 中创建密码框的方式为:

首先单击“表单”选项中的“密码”,可直接插入密码框;然后在菜单栏中单击“窗口”→“属性”,弹出“属性”面板,如图 6-3-5 所示。

密码框中的属性与文本框类似,此处不再赘述。

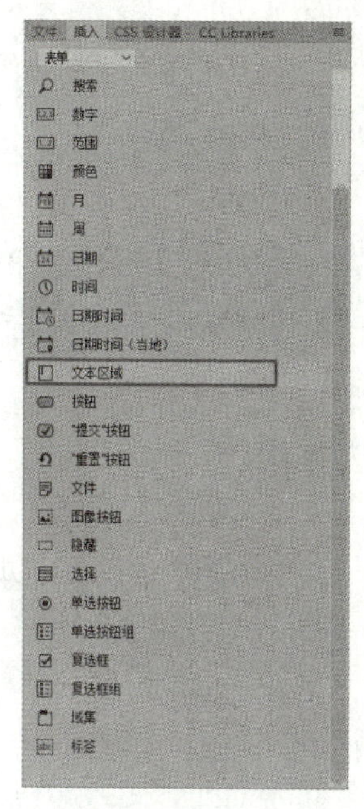

图 6-3-3 插入“文本区域”

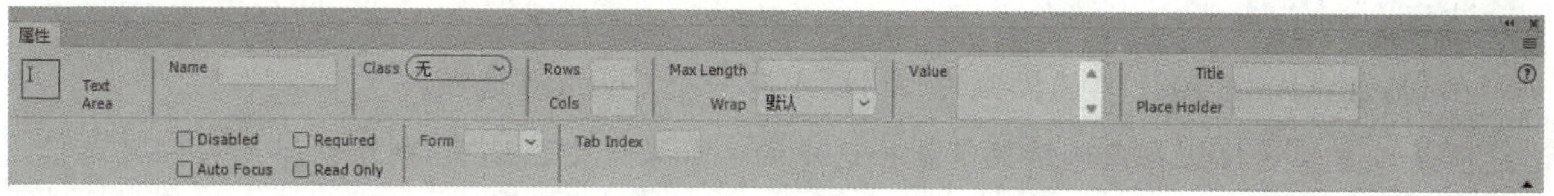

图 6-3-4 文本区域的“属性”面板

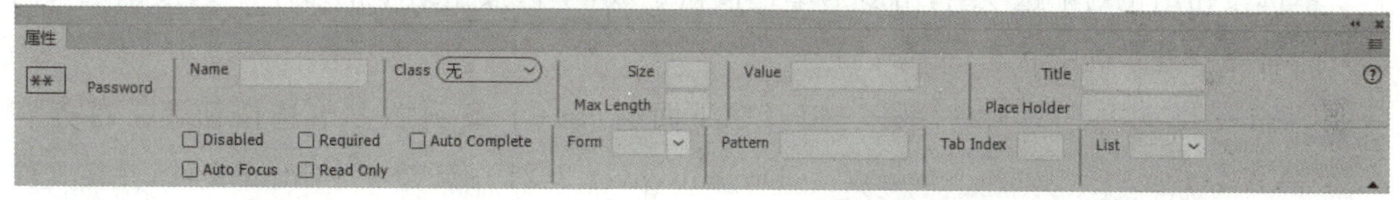

图 6-3-5 密码框的“属性”面板

6.3.2 单选按钮和复选框

在网页中单选按钮和复选框都用来提供特定的选项,单选按钮和复选框都只有选中和未选中两种状态。当多个单选按钮放置在一起时就形成了单选按钮组,多个复选框放置在一起时就形成了复选框组。不同的是,单选按钮组和复选框组虽然都提供了多种选择,但用户只能从单选按钮组中选中一个选项,而可以从复选框组中同时选中多个选项。

1. 单选按钮

下面通过一个案例学习单选按钮,首先在 Dreamweaver 2021 中新建一个 HTML 文件,并在文件中插入表单、单选按钮,具体代码如下:

```
<!DOCTYPE html>
<html>
<head>
<meta charset = "utf-8">
<title>单选按钮</title>
</head>
<body>
  <form>
  这是单选按钮：<input type = "radio">
  </form>
</body>
</html>
```

插入单选按钮后的效果如图 6-3-6 所示。

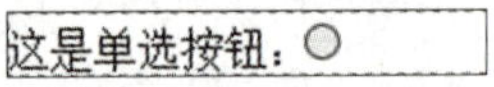

这是单选按钮：○

图 6-3-6　插入单选按钮

注意：

在 Dreamweaver 2021 单选按钮的“属性”中有一个 Checked 选项，该选项是设置单选按钮在默认情况下是否选中的。如果选中该选项，则默认单选按钮被选择。

2. 单选按钮组

单选按钮组也叫单选项组，由多个单选按钮组成，单选按钮组中的多个单选按钮某一时刻只能有一个处于选中状态。

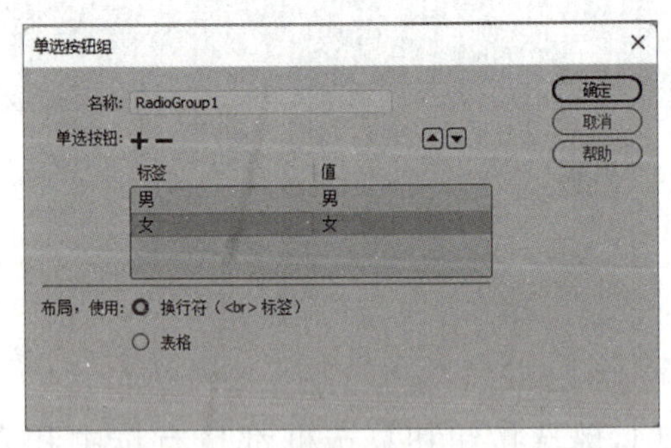

图 6-3-7　“单选按钮组”对话框

下面通过一个案例学习单选按钮组。首先在 Dreamweaver 2021 中新建一个 html 文件，并在文件中插入表单和单选按钮组。在插入单选按钮组时会弹出“单选按钮组”对话框，如图 6-3-7 所示。

在“名称”文本框中设置该单选按钮组的名称后，可以在“单选按钮”列表框中设置该按钮组中包含的单选按钮的个数、选定值以及标签信息。单击“添加”按钮+，可以向“单选按钮”列表框中添加一个单选按钮；在“单选按钮”列表框中选中一行，即一个单选按钮项目后，单击“删除”按钮−，可以删除按钮组中的一个单选按钮；在列表框中选中一行后，单击“向上”按钮▲或“向下”按钮▼，可以调整按钮组中单选按钮的顺序。

在“单选按钮”列表框中包括“标签”和“值”列，“标签”列用于设定对应按钮的标签提示信息，“值”列即为单选按钮的选定值。单击单元格可以修改对应单选按钮的标签信息或选定值。

设置完毕，单击“确定”按钮，完成插入。插入单选按钮组的具体代码如下：

```
<!DOCTYPE html>
<html>
<head>
<meta charset = "utf-8">
<title>单选按钮</title>
</head>
<body>
  <form>
    <p>
      <label>
        <input type = "radio" name = "RadioGroup1" value = "男" id = "RadioGroup1_0">
        男</label>
      <br>
      <label>
        <input type = "radio" name = "RadioGroup1" value = "女" id = "RadioGroup1_1">
        女</label>
      <br>
      </p>
    </form>
</body>
</html>
```

插入单选按钮组后的效果如图 6-3-8 所示。

○ 男
○ 女

图 6-3-8 插入单选按钮组

3. 复选框与复选框组

设置复选框与单选按钮的操作类似，设置复选框组的操作与单选按钮组的操作类似，读者可自行测试复选框与复选框组的操作。

6.3.3 隐藏域

隐藏域提供了一个存储和传递表单中数据的容器，网页浏览者在客户端浏览器中无法看到隐藏域以及存储在其中的数据，但服务器在处理表单的时候可以读取并使用其中的数据信息。向表单中插入隐藏域的方法如下。

(1)单击“插入”工具栏的“表单”分类的“隐藏”按钮，或者选择菜单命令“插入”→“表单”→“隐藏”，即可向表单中插入隐藏域，如图 6-3-9 所示。

图 6-3-9 插入隐藏域

(2)在隐藏域的“属性”面板(见图 6-3-10)中根据需要设置相应的属性值。

图 6-3-10　隐藏域的“属性”面板

其中,Name 文本框用于设置隐藏域的名称,服务器端的处理程序依据该名称获得隐藏域中的数据;Value 文本框用于设置隐藏域的数据值。

6.3.4 图像按钮

图像按钮被插入表单后,可以生成图像化的按钮,触发表单相关的操作,从而代替标准按钮的工作。

在表单中插入图像按钮的步骤如下。

(1)将光标定位到需要插入图像按钮的位置,在“插入”选项卡的“表单”类别中单击“图像按钮”按钮,或者选择菜单命令“插入”→“表单”→“图像按钮”,即可向表单中插入图像按钮,如图 6-3-11 所示。

图 6-3-11　插入图像按钮

(2)打开“图像按钮”的“属性”面板时,首先会弹出“选择图像源文件”对话框,如图 6-3-12 所示。

图 6-3-12　“选择图像源文件”对话框

此处选择“tuan. png”,然后会显示图像按钮的“属性”面板,用户根据需要设置相应的属性值,如图 6-3-13 所示。

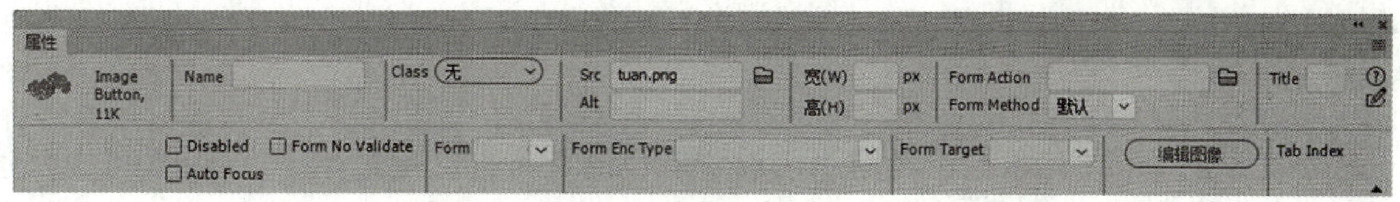

图 6-3-13　图像按钮的“属性”面板

图像按钮“属性”面板的主要参数说明如下。

①Name 文本框：用于设置图像域的名称。

②Src 文本框：用于设置图像域所容纳的图像文件。

③Alt 文本框：用于指定当浏览器不能显示图像时的替换文本。

④“宽”和“高”：用于设置图像的大小。

⑤“编辑图像”按钮：单击该按钮时，可以打开默认的图像编辑软件，进行图像文件的编辑修改。

(3)插入后的代码如下：

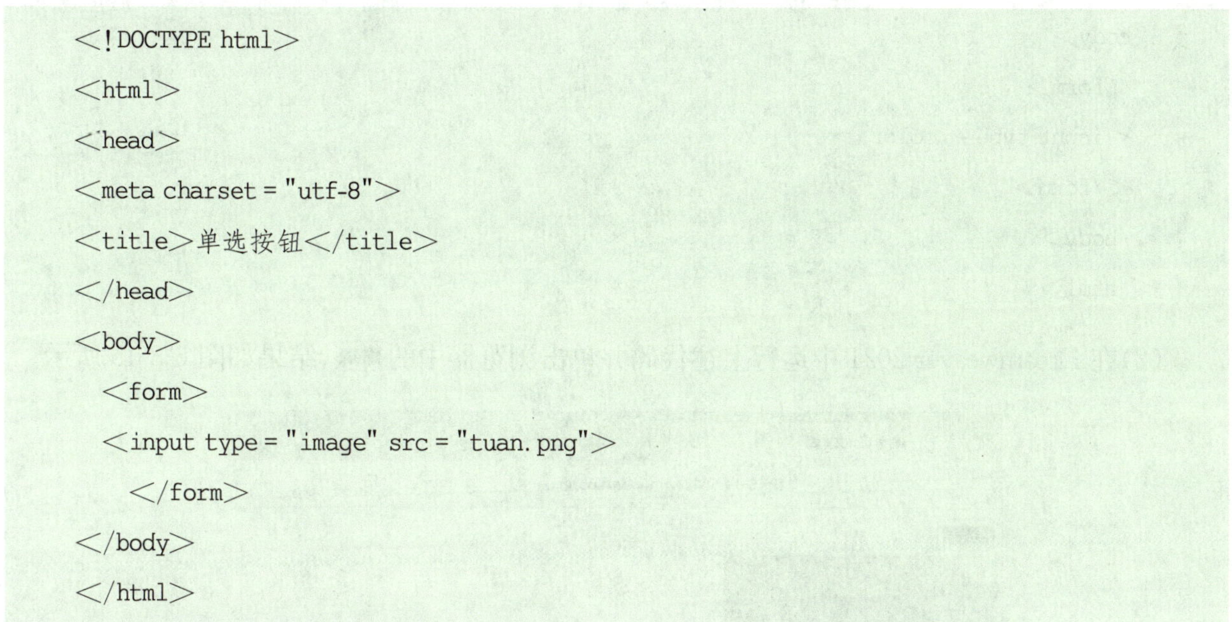

```
<!DOCTYPE html>
<html>
<head>
<meta charset="utf-8">
<title>单选按钮</title>
</head>
<body>
  <form>
  <input type="image" src="tuan.png">
    </form>
</body>
</html>
```

插入图像按钮后的效果如图 6-3-14 所示。

图 6-3-14　插入图像按钮效果

6.3.5 颜色文本域

color 类型的 input 元素提供专门用于设置颜色的文本框。通过单击文本框，可以快速打开拾色器面板，方便用户选择颜色。

下面通过一个案例学习 color 类型的使用。

(1)在 Dreamweaver 2021 中新建一个 html 文件，并在文件中插入表单、颜色，具体代码如下：

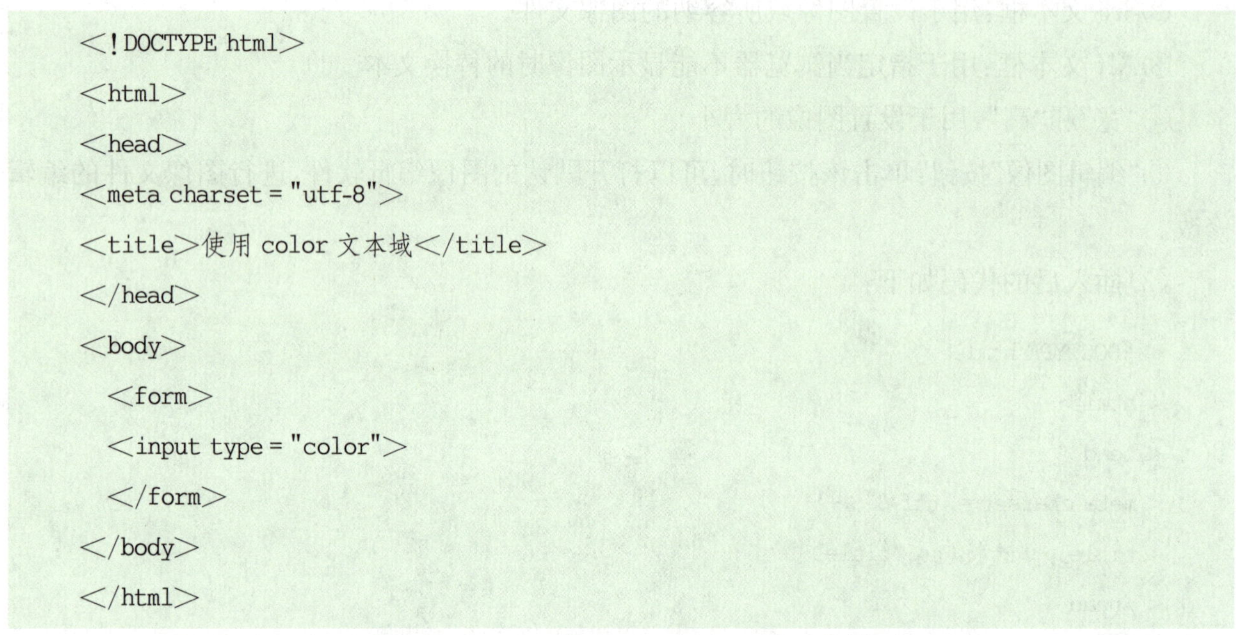

```
<!DOCTYPE html>
<html>
<head>
<meta charset="utf-8">
<title>使用 color 文本域</title>
</head>
<body>
  <form>
  <input type="color">
  </form>
</body>
</html>
```

(2)在 Dreamweaver 2021 中运行上述代码并单击浏览器中的▬，结果如图 6-3-15 所示。

图 6-3-15　使用 color 文本域的效果图

注意：

本案例在不同的浏览器中运行时，显示的颜色拾取器会不相同，图 6-3-15 显示的效果是在 Windows 11 操作系统下的 Microsoft Edge 浏览器中运行时的效果。

6.3.6 日期类型的应用

HTML5 提供了多个可用于选取日期和时间的输入类型，即 6 种日期检出器控件，分别用于选择日期、月、周、时间、日期+时间和日期+时间+时区的格式，见表 6-3-2。

表 6-3-2 日期检出器类型

输入类型	HTML 代码	功能与说明
date	<input type="date">	选取日、月、年
month	<input type="month">	选取月、年
week	<input type="week">	选取周和年
time	<input type="time">	选取时间(小时和分钟)
datetime	<input type="datetime">	选取时间、日、月、年(UTC 时间)
datetime-local	<input type="datetime-local">	选取时间、日、月、年(本地时间)

UTC 是 universal time coordinated 的英文缩写，即协调世界时，是由国际无线电咨询委员会规定和推荐，并由国际时间局(BIH)负责保持的以秒为基础的时间标度。简单地说，UTC 时间就是 0 时区的时间，而本地时间即地方时。例如，北京时间为早上 8 点，则 UTC 时间为 0 点，即 UTC 时间比北京时间晚 8 小时。

date 类型是开发者比较欢迎的一种标签，用户经常看到在网页中要求用户输入各种各样的日期，如出生日期、订票日期、购物日期、考试日期等。date 类型的 input 标签一般是以日历的形式显示的，便于用户选择日期。date 类型允许用户从一个日期选择器中选择一个日期。

下面通过一个案例讲解 date 类型的使用。

首先在 Dreamweaver 2021 中新建一个 html 文件，并在文件中插入表单、日期。具体代码如下：

```
<!DOCTYPE html>
<html>
<head>
<meta charset = "utf-8">
<title>使用 date 日期类型</title>
</head>
<body>
  <form>
  <input type = "date">
  </form>
```

```
</body>
</html>
```

在 Dreamweaver 2021 中运行上述代码并单击浏览器中的按钮，结果如图 6-3-16 所示。

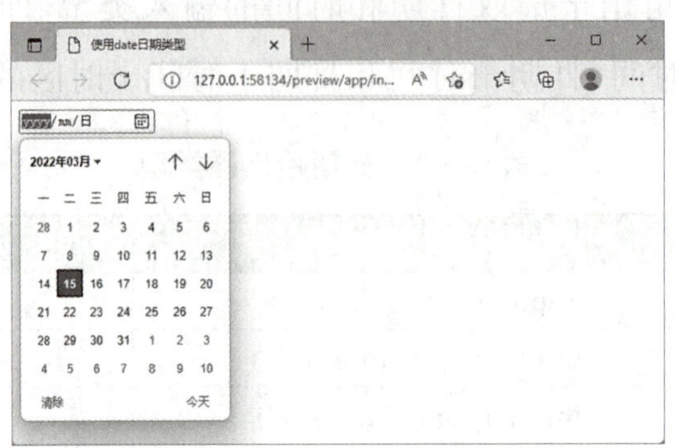

图 6-3-16　使用 data 日期类型的效果图

6.3.7 电子邮件类型的应用

email 类型的 input 元素是一种专门用于输入 E-mail 地址的文本输入框，在提交表单时，系统会自动验证 email 输入框的值。如果不是一个有效的 E-mail 地址，则该输入框不允许提交该表单。在以前版本的 Web 表单中采用的是“<input type="text">”这种纯文本输入框来输入 E-mail 地址。从用户的角度来说，很难看出这种输入框有什么变化，这是因为多数支持 HTML5 的浏览器只是简单地将 E-mail 地址输入框显示为纯文本框。

下面通过一个案例讲解 email 类型的使用。

(1)在 Dreamweaver 2021 中新建一个 html 文件，并在文件中插入表单、电子邮件。具体代码如下：

```
<!DOCTYPE html>
<html>
<head>
<meta charset="utf-8">
<title>使用 email 类型</title>
</head>
<body>
  <form>
  <input type="email">
  </form>
</body>
</html>
```

(2)在 Dreamweaver 2021 中运行上述代码，当在浏览器中输入错误的 E-mail 地址时，会有相关的提示信息，如图 6-3-17 所示。

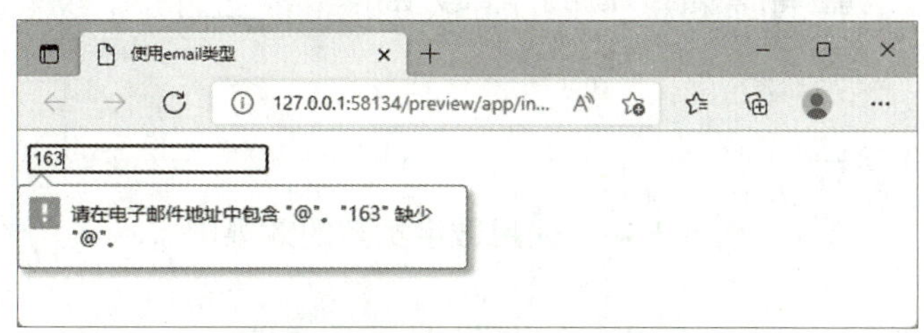

图 6-3-17 使用 email 类型的效果图

6.3.8 数字类型的应用

number 类型的<input>标签是一种专门用于输入数字的文本输入框，或者通过单击微调框中的向上、向下按钮来选择数值。还可以设定对所接收数字的限制，包括规定允许的最大值和最小值、合法的数字间隔或默认值等。如果所输入的数字不在限定范围之内，则会出现错误提示。

下面通过一个案例讲解 number 类型的使用。

(1)在 Dreamweaver 2021 中新建一个 html 文件，并在文件中插入表单、数字。具体代码如下：

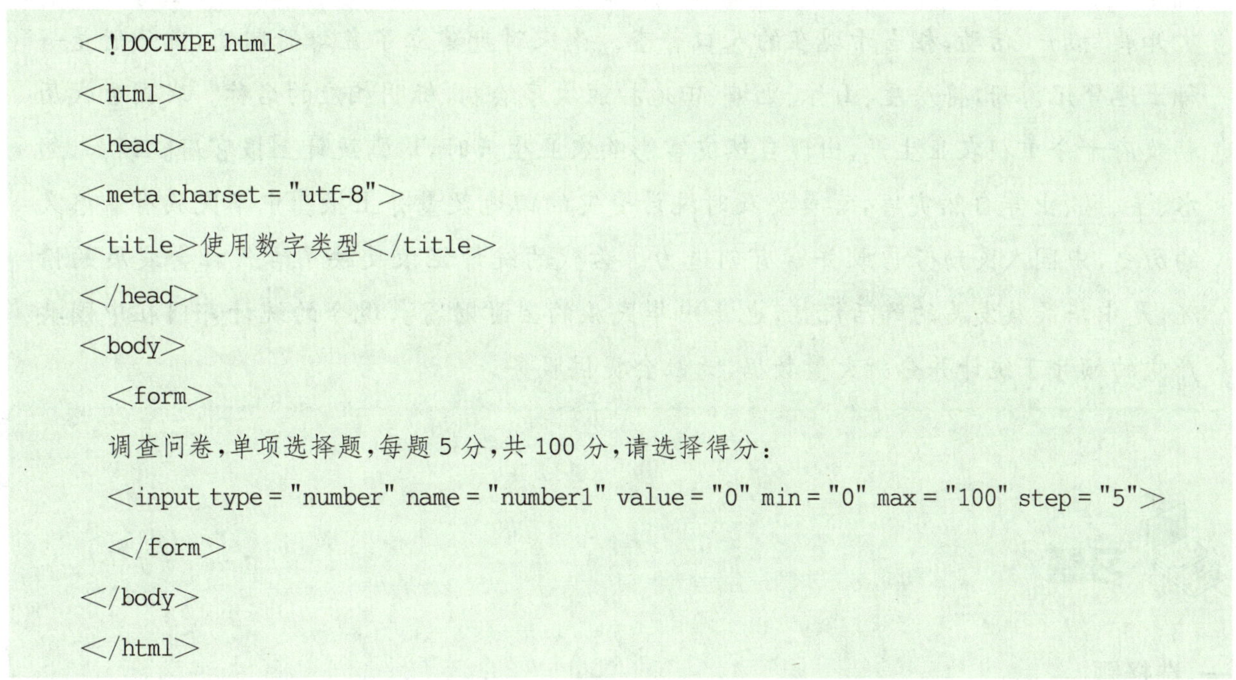

```
<!DOCTYPE html>
<html>
<head>
<meta charset = "utf-8">
<title>使用数字类型</title>
</head>
<body>
  <form>
  调查问卷，单项选择题，每题 5 分，共 100 分，请选择得分：
  <input type = "number" name = "number1" value = "0" min = "0" max = "100" step = "5">
  </form>
</body>
</html>
```

(2)在 Dreamweaver 2021 中运行上述代码，浏览器的效果如图 6-3-18 所示。

数字类型使用表 6-3-3 所列出的属性来规划对数字类型的限定。

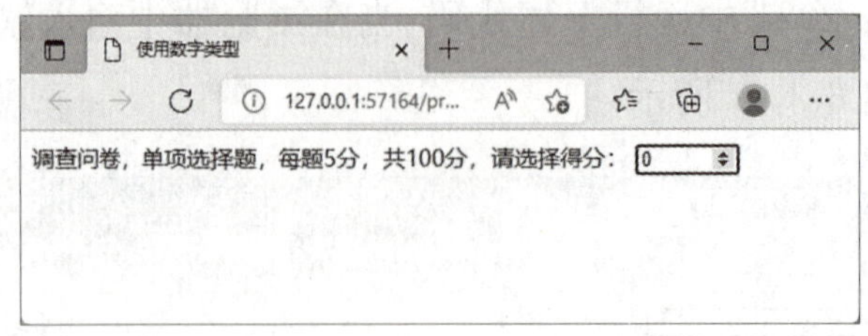

图 6-3-18　使用数字类型的效果图

表 6-3-3　number 类型属性

属　性	值	描　述
max	number	规定允许的最大值(假设 max=10)
min	number	规定允许的最小值(假设 min=−5)
step	number	规定合法的数字间隔(如果 step=5,则合法的数是−5、0、5、10)
value	number	规定默认值

思政园地

电子表格是进行数据处理与统计的软件。在我国历史上很早就已出现统计活动了。在远古时代,人们结绳记事。随着生产力的发展,我国出现了关于人口、土地和灾害等方面的统计。据史料记载,我国早在商代的卜辞中就有关于战争人数的统计。隋唐时期多次开展“检户”活动,相当于现在的人口普查。南宋时期建立了鱼鳞册制度,鱼鳞册是一种土地登记簿册,将房屋、山林、池塘、田地按照次序绘制,标明相应的名称。我国古代历朝政府十分重视农业生产,出现自然灾害影响农业生产时,均需统计上报官府。例如,遇水、旱、风、虫等自然灾害,官员要及时统计受灾的田地数量并上报。中华民族有着悠久的历史,中国人民勤劳勇敢并富有创造力。古代的统计记录反映了古代社会发展的情况,是中华民族发展的鲜活记忆,也是中华民族的宝贵财富。现今的统计部门在中国共产党的领导下统计并分析大量数据,为社会提供服务。

习题

一、选择题

1. 在表单<form>标签中,(　　)属性规定表单是否应该启用自动完成功能。

A. method　　　　B. action

C. name　　　　D. autocomplete

2. <input>元素的 type 属性为(　　)时表示复选框输入。

A. password　　B. checkbox　　C. hidden　　D. radio

3. <input>元素的 type 属性为(　　)时表示选择时间、日、月、年的文本框，其中时间为本地时间。

A. datetime-local　　B. time　　C. date　　D. datetime

4. <input>元素的 type 属性为(　　)时，表示用于输入数字的文本输入框，或者通过单击微调框中的向上、向下按钮来选择数值。

A. url　　B. email　　C. number　　D. range

5. <input>元素的 type 属性为(　　)时，表示用于输入包含一定范围数字值的文本框，在网页中显示为滑动条。

A. range　　B. week　　C. month　　D. date

二、填空题

1. 在表单<form>标签中，method 属性用于设置表单数据的提交方式，其取值为__________或__________，它决定了表单中已收集的数据是用什么方式被发送到服务器的。

2. color 类型的<input>标签提供专门用于设置__________的文本框。

3. UTC 时间就是__________时区的时间，而本地时间即__________时。

三、操作题

运用表单控件及相关属性实现图 6-3-19 所示的“会员注册”模块。

该练习主要考查学生对表单属性和控件的掌握程度。观察图 6-3-19 可以看出，界面可以分为上面的标题和下面的表单两部分。使用<form>标记对界面进行整体控制，使用<h2>标记搭建标题结构。表单部分排列整齐，对每一行模块可以使用<p>标记搭建整体结构。每一行由左右两部分构成，左边为提示信息，由<span>标记搭建结构；右边为具体的表单控件，由<input>标记进行布局。

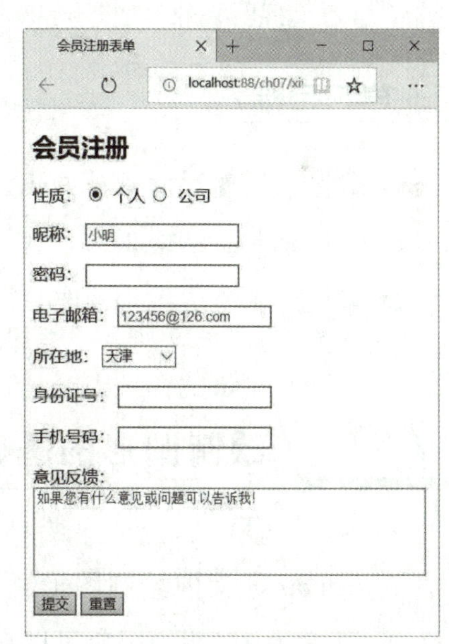

图 6-3-19　“会员注册”模块效果图

模块7 绘制图形

HTML5提供了很多新特性，其中值得一提的是HTML5 canvas。canvas元素使用JavaScript在网页上绘制图像，也可以对2D图形或位图进行动态脚本的渲染。canvas元素能够在网页中创建一块矩形区域，该矩形区域称为画布，在其中可以绘制各种图形。画布能实现无限的可能性，本模块将带领大家逐步认识canvas强大的功能。

HTML5的<canvas>标签用于绘制图像（利用脚本，通常是JavaScript），不过<canvas>元素本身并没有绘制能力，它仅仅是图形的容器，必须使用脚本来完成实际的绘图任务。本模块主要介绍getContext("2d")对象的属性和方法，可用于在画布上绘制文本、线条、矩形、圆形等。

学习目标

- 掌握绘制图形的基础知识。
- 掌握绘制基础图形的方法。
- 掌握绘制变形图形的方法。

7.1 绘制图形的基础知识

在canvas元素内绘制图形并不是用鼠标来完成。默认情况下，该矩形区域的宽度为300 px，高度为150 px，用户可以自定义具体的大小或设置canvas元素的相关特性。在页面中添加了该元素后，用户可以在其中添加图片、线条或文字，也可以加入高级动画或进行绘图设置。

在HTML5中输入以下代码，就可以在页面中创建一块画布：

```
<canvas width = "300" height = "150"></canvas>
```

以上代码是使用width与height属性来自定义画布的宽度和高度，在绘制页面中显示一块 300 px×150 px 的空白区域。上面只是简单地创建了一个 canvas 对象，在浏览器中打开的页面上什么都不显示，但如果是在 Dreamweaver 2021 的设计视图中，就可以看到一个矩形区域。为了便于用户了解画布的位置，可以为其添加边框，给画布设置一个 id 属性。创建简单画布的具体代码如下：

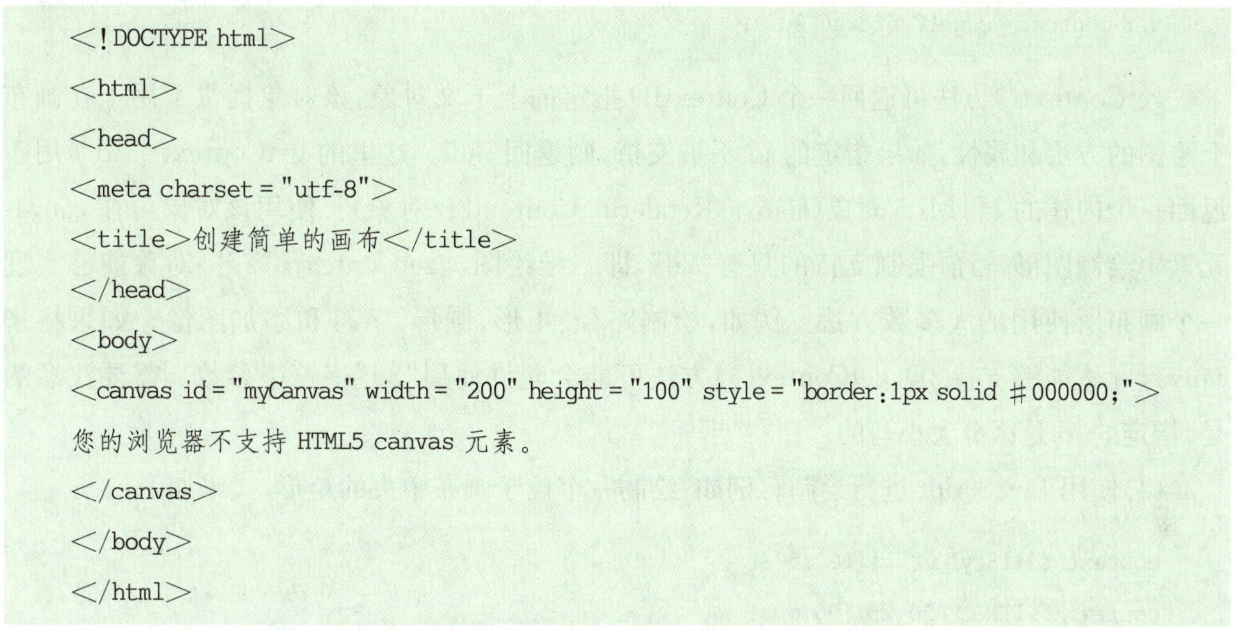

```
<!DOCTYPE html>
<html>
<head>
<meta charset = "utf-8">
<title>创建简单的画布</title>
</head>
<body>
<canvas id = "myCanvas" width = "200" height = "100" style = "border:1px solid #000000;">
您的浏览器不支持 HTML5 canvas 元素。
</canvas>
</body>
</html>
```

上面的代码用 CSS 边框属性设置了边框，还给画布设置了 id 属性“myCanvas”，这样做的目的是在开发过程中可以通过 id 快速找到 canvas 元素。而且更重要的是，由于对 canvas 的所有操作都是通过脚本代码来控制的，如果没有 id，用户想操作 canvas 元素是十分困难的。这里还添加了 CSS 样式，即 style 标记，用于表示画布的样式。当浏览器不支持该元素时，显示“您的浏览器不支持 HTML5 canvas 元素”字样。在 Dreamweaver 2021 中运行上述代码，其结果如图 7-1-1 所示。

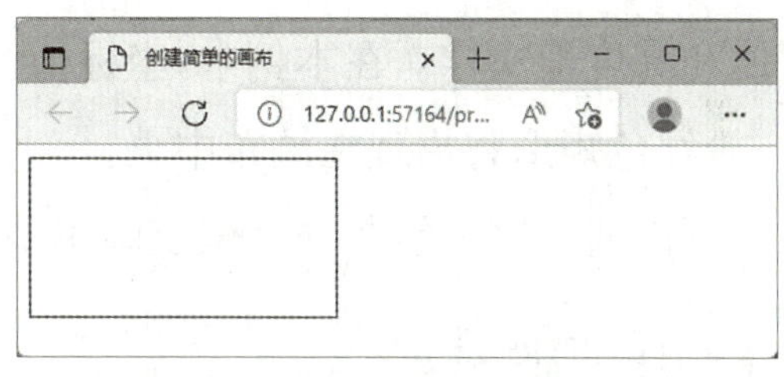

图 7-1-1　创建简单的画布的运行结果

canvas 元素本身并不能实现图形绘制功能，绘制图形的工作是由 JavaScript 来完成的。使用 JavaScript 可以在 canvas 元素内部添加线条、图片和文字，也可以在其中绘画，还能够加入高级动画。

在 canvas 中绘制图形的具体步骤如下。

(1)在 HTML5 页面中添加 canvas 元素，必须定义 canvas 元素的 id 属性值，以便进行调用。代码如下：

```
<canvas id = "myCanvas" width = "200" height = "100"></canvas>
```

(2)使用 id 寻找 canvas 元素。在 JavaScript 代码中使用 document.getElementById 等方法，利用先前在 canvas 元素中指定的 id 来寻找 canvas。代码如下：

```
var c = document.getElementById("myCanvas");
```

(3)通过 canvas 元素的 getContext()方法来获取其上下文(context),即创建 context 对象,以获取允许进行绘制的 2D 环境。代码如下:

```
var context = c.getContext("2d");
```

getContext()方法可返回一个 ContextID 指定的上下文对象,该对象提供了用于在画布上绘图的方法和属性,如果指定的 id 不被支持,则返回 null。这里的 getContext("2d")用于返回一个内建的 HTML5 对象(CanvasRenderingContext2D 对象)。使用该对象可在 canvas 元素中绘制图形,目前强制支持的只有“2d”,即二维绘图。getContext("2d")对象能够实现一个画布所使用的大多数方法。例如,绘制路径、矩形、圆形、字符和添加图像。如果将来 canvas 元素能够支持 3D,getContext()方法可能会允许使用“3d”字符串参数。需要注意的是,指定的 id 是区分大小写的。

(4)使用 JavaScript 进行绘制。例如,绘制一个位于画布中央的矩形,代码如下:

```
context.fillStyle = "#ff00ff";
context.fillRect(50,25,100,50);
```

在上述两行代码中,fillStyle 将绘制的矩形的填充颜色定义为粉红色,而 fillRect 则指定了要绘制的矩形的位置和尺寸。图形的位置由前面的 canvas 坐标值决定,尺寸由后面的宽度值和高度值决定。在本例中,坐标值为(50,25),宽为 100 px,高为 50 px,设置完这些数值后,粉红色矩形将出现在画布中央。

下面通过案例绘制一个位于画布中央的粉红色矩形,代码如下:

```
<!DOCTYPE html>
<html>
<head>
<meta charset = "utf-8">
<title>绘制一个位于画布中央的粉红色矩形</title>
</head>
<body>
<canvas id = "myCanvas" width = "200" height = "100" style = "border: 1px solid #c3c3c3;">
您的浏览器不支持 HTML5 canvas 标签。
</canvas>
<script>
```

```
var c = document.getElementById("myCanvas");
var ctx = c.getContext("2d");
ctx.fillStyle = "#ff00ff";
ctx.fillRect(50,25,100,50);
</script>
</body>
</html>
```

在 Dreamweaver 2021 中运行上述代码，其结果如图 7-1-2 所示。

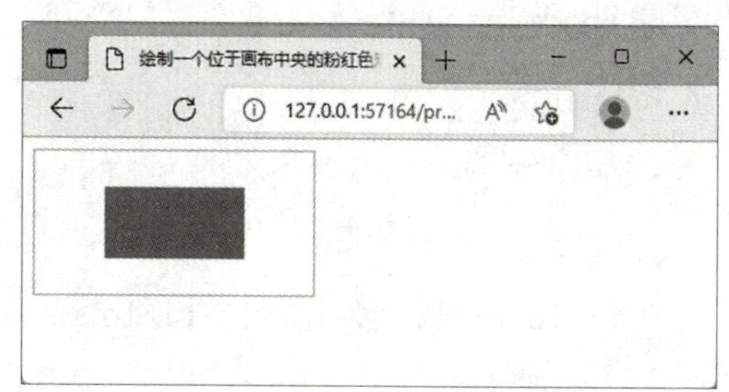

图 7-1-2　绘制一个位于画布中央的粉红色矩形的运行结果

注意：

canvas 是一个二维网格。canvas 的左上角坐标为(0,0)，x 轴水平向右延伸，y 轴垂直向下延伸，前述的 fillRect 方法有参数(50,25,100,50)，其中，前两个参数用于指定开始位置的坐标值，即在画布的左上角(50,25)坐标位置开始绘制 100 px×50 px 的矩形。

Internet Explorer 9 及以上、Firefox 2.0 及以上、Opera 9.0 及以上、Chrome 4.0 及以上和 Safari 3.1 及以上版本的浏览器支持 canvas 标签的属性及方法。需要注意的是，Internet Explorer 8 及更早版本的 IE 不支持<canvas>元素。

7.2 绘制基本图形

在 HTML5 中，用 canvas 配合 JavaScript 可以绘制简单的矩形，还可以绘制一些其他常见的图形，如直线、矩形等。下面将详细讲解如何绘制直线和圆，以及清空画布。

7.2.1 绘制直线

绘制直线时，一般会用到 moveTo()与 lineTo()两种方法。

1. moveTo() 方法

moveTo()方法的作用是将光标移动到指定的坐标点(x,y)，绘制直线时以该点为起点。其语法格式如下：

```
moveTo(x,y)
```

2. lineTo() 方法

lineTo()方法的作用是在 moveTo()方法中指定的直线起点与 lineTo()方法中指定的直

线终点之间绘制一条直线，其语法格式如下：

```
lineTo(x,y)
```

moveTo()是提起画笔移动到新的位置，而 lineTo()是指定 canvas 元素用画笔在纸张原来的坐标和新的坐标之间画一条直线。

下面通过一个案例绘制一条直线，并定义开始坐标(0,0)和结束坐标(200,100)。具体代码如下：

```
<!DOCTYPE html>
<html>
<head>
<meta charset="utf-8">
<title>绘制一条直线</title>
</head>
<body>
<canvas id="myCanvas" width="200" height="100" style="border:1px solid #d3d3d3;">
您的浏览器不支持 HTML5 canvas 标签。
</canvas>
<script>
var c=document.getElementById("myCanvas");
var ctx=c.getContext("2d");
ctx.moveTo(0,0);
ctx.lineTo(200,100);
ctx.stroke();
</script>
</body>
</html>
```

在 Dreamweaver 2021 中运行上述代码，其结果如图 7-2-1 所示。

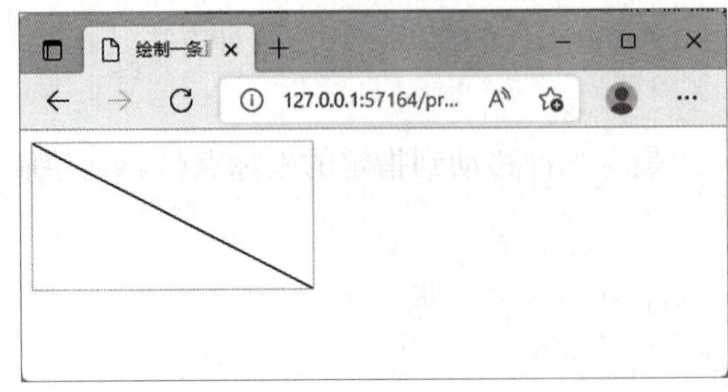

图 7-2-1　绘制一条直线

上述代码利用 stroke()方法可实际地绘制出通过 moveTo()和 lineTo()方法定义的路径，默认颜色是黑色。

下面通过一个案例绘制一条红色折线，具体代码如下：

```
<!DOCTYPE html>
<html>
<head>
<meta charset="utf-8">
<title>绘制一条红色折线</title>
</head>
<body>
<canvas id="myCanvas" width="300" height="150" style="border:1px solid #
d3d3d3;">
您的浏览器不支持 HTML5 canvas 标签。
</canvas>
<script>
var c=document.getElementById("myCanvas");
var ctx=c.getContext("2d");
ctx.beginPath();
ctx.moveTo(20,20);
ctx.lineTo(20,100);
ctx.lineTo(70,100);
ctx.strokeStyle="red";
ctx.stroke();
</script>
</body>
</html>
```

在 Dreamweaver 2021 中运行上述代码，其结果如图 7-2-2 所示。

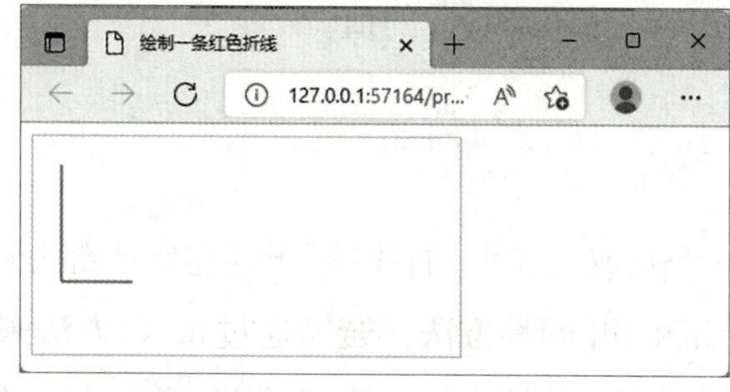

图 7-2-2　绘制一条红色折线的效果图

HTML canvas strokeStyle 属性用于设置笔触的颜色、渐变或模式，该属性的值见表 7-2-1。

表 7-2-1　canvas strokeStyle 属性的值

值	描　述
color	指示绘图笔触颜色的 CSS 颜色值，默认值是＃000000
gradient	用于填充绘图的渐变对象（线性或放射性）
pattern	用于创建 pattern 笔触的 pattern 对象

3. closePath()方法

利用 closePath()方法可从当前点到开始点之间绘制一条路径，使其成为封闭图形。

4. fillStyle 属性

fillStyle 属性与 strokeStyle 属性类似，都可以用于对图形添加颜色，它们对颜色的表示方式相同，但是 fillStyle 属性是对图形的内部填充颜色，而 strokeStyle 属性是对图形的边框添加颜色。语法格式如下：

```
fillStyle = color
strokeStyle = color
```

其中，color 可以是表示 CSS 颜色值的字符串、渐变对象或图案对象，这将在后续内容进行补充讲解。默认情况下，线条和填充颜色都是黑色(CSS 颜色值为＃000000)。

以下代码表示图形的内部填充颜色是红色：

```
context.fillStyle = "#ff0000";
context.fillStyle = "red";
context.fillStyle = "rgb(255,0,0)";
```

无论是 moveTo(x,y)，还是 lineTo(x,y)，都不会直接绘制图形，只是定义路径的位置。只有在调用了 fill()或 stroke()方法时才会绘制图形。一旦设置了 strokeStyle 或者 fillStyle 的值，那么这个新值就会成为新绘制图形的默认值。如果想要给每个图形都填充上不同的颜色，就需要重新设置 strokeStyle 或 fillStyle 的值。

7.2.2 绘制圆

使用 arc()方法绘制一个圆或创建弧/曲线(用于创建圆或部分圆)。在绘制圆形时，会用到 beginPath、arc、closePath 和 fill 四种方法。若需通过 arc()方法来创建圆，则把起始角设置为 0，结束角设置为 2 * Math. PI。使用 stroke()或 fill()方法在画布上绘制实际的弧。右侧实心点表示起始点，中间实心点表示圆心，上方实心点表示结束点。

arc()方法的语法格式如下：

```
arc(x,y,radius,startAngle,endAngle,anticlockwise)
```

arc()方法的参数见表 7-2-2。

表 7-2-2 arc()方法的参数

参数	描述
x	圆的中心的 x 坐标
y	圆的中心的 y 坐标
radius	圆的半径
startAngle	起始角，以弧度计
endAngle	结束角，以弧度计
anticlockwise	可选。规定逆时针或是顺时针绘图。false=顺时针，true=逆时针

下面通过一个案例绘制圆形，具体代码如下：

```
<!DOCTYPE html>
<html>
<head>
<meta charset="utf-8">
<title>绘制圆形</title>
</head>
<body>
<canvas id="myCanvas" width="200" height="100" style="border:1px solid #d3d3d3;">
您的浏览器不支持 HTML5 canvas 标签。
</canvas>
<script>
var c=document.getElementById("myCanvas");
var ctx=c.getContext("2d");
ctx.beginPath();
ctx.arc(95,50,40,0,2*Math.PI);
ctx.stroke();
</script>
</body>
</html>
```

在 Dreamweaver 2021 中运行上述代码，其结果如图 7-2-3 所示。

下面再讲解一个案例。在 300 px×150 px 大小的画布上绘制一个半径为 50 px 的粉色圆形。其具体代码如下：

```
<!DOCTYPE html>
<html>
<head>
<meta charset="utf-8">
<title>绘制粉色圆形</title>
</head>
<body>
<canvas id="myCanvas" width="300" height="150" style="border:1px solid #
d3d3d3;">
您的浏览器不支持 HTML5 canvas 标签。
</canvas>
<script>
var c=document.getElementById("myCanvas");
var ctx=c.getContext("2d");
ctx.fillStyle="#ff00ff";
ctx.beginPath();
ctx.arc(100,75,50,0,2*Math.PI,true);
ctx.stroke();
ctx.closePath();
ctx.fill();
</script>
</body>
</html>
```

在 Dreamweaver 2021 中运行上述代码，其结果如图 7-2-4 所示。

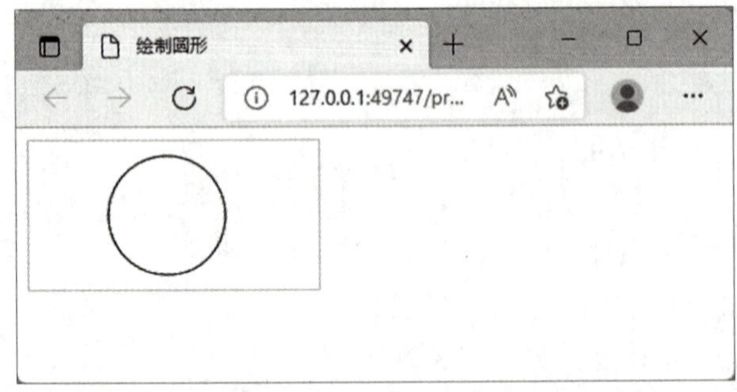

图 7-2-3 绘制圆形的效果图

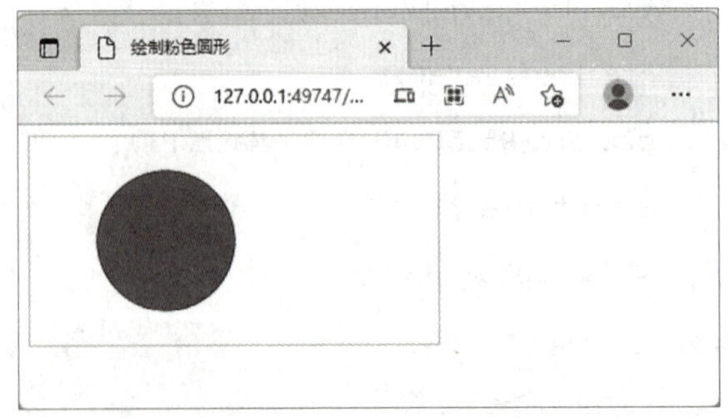

图 7-2-4 绘制粉色圆形的效果图

圆形的绘制仍是采用绘制路径并填充颜色的方法。beginPath 方法用于开始绘制路径，closePath 方法用于结束绘制路径。调用 beginPath()方法后，在 canvas 中进行一系列图形的绘制，绘制完成后，应该使用 closePath()方法将图形闭合起来。

7.2.3 清空画布

在 canvas 中可以绘制一些图形，但有时可能需要清除这些图形，像一些绘图软件中橡皮擦工具的功能。使用 clearRect()方法可清除指定的矩形区域内的所有图形，显示画布的背景，该方法的用法如下：

```
context.clearRect(x,y,width,height);
```

clearRect()方法的参数见表 7-2-3。

表 7-2-3 clearRect()方法的参数

参数	描述
x	要清除的矩形左上角的 x 坐标
y	要清除的矩形左上角的 y 坐标
width	要清除的矩形的宽度，以像素计
height	要清除的矩形的高度，以像素计

下面通过一个案例在画布上绘制一段弧线，单击“清空画布”按钮，则会清除这段弧线。其具体代码如下：

```
<!DOCTYPE html>
<html>
<head>
<meta charset="utf-8">
<title>清空画布</title>
<script type="text/javascript">
function clearMap(){
  context.clearRect(0,0,300,200);
}
</script>
</head>
<body>
<canvas id="myCanvas" style="border:1px solid;" width="300" height="200">
您的浏览器不支持 HTML5 canvas 标签。
</canvas>
<script type="text/javascript">
```

```
var c = document.getElementById("myCanvas");
var context = c.getContext("2d");
context.strokeStyle = "#ff00ff";
context.beginPath();
context.arc(200,150,100, - Math.PI * 1/6, - Math.PI * 5/6,true);
context.stroke();
</script><br>
<input name = "" type = "button" value = "清空画布" onClick = "clearMap();">
</body>
</html>
```

运行上述代码后，在画布上绘制一条粉色弧线，如图 7-2-5 所示；单击“清空画布”按钮后，弧线被删除，如图 7-2-6 所示。

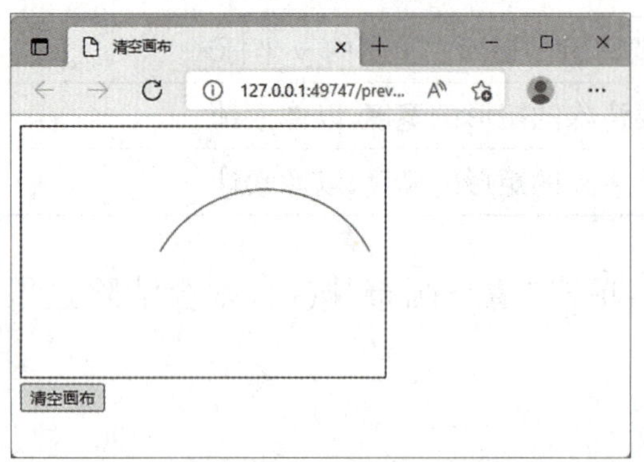

图 7-2-5　绘制一条粉色弧线

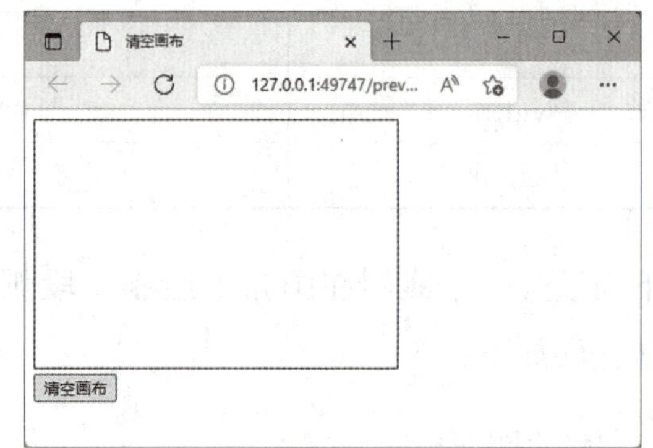

图 7-2-6　单击“清空画布”后的效果

7.3 绘制变形图形

在 HTML5 中，不但可以使用 moveTo()方法移动画笔来绘制简单的图形或线条，还可以使用变换来调整画笔下的画布。变换的方法包括平移、缩放和旋转等。

7.3.1 绘制平移效果的图像

如果对图形实现平移，需要使用 translate(x, y)方法，该方法表示在平面上平移，即以原来的原点为参考，然后以偏移后的位置作为坐标原点。也就是说，原来的坐标原点在(100, 100)，translate(1,1)，新的坐标原点在(101,101)，而不是(1,1)。

下面通过一个案例绘制平移效果的图形，具体代码如下：

```
<!DOCTYPE html>
<html>
<head>
<meta charset = "utf-8">
<title>绘制平移效果的图形</title>
<script>
function draw(id){
var canvas = document.getElementById(id);
if(canvas = = null){
return false;
}
var context = canvas.getContext("2d");
context.fillStyle = "#eeeeff";
context.fillRect (0,0,400,300);
context.translate(200,50);
context.fillStyle = "rgba(255,0,0,0.25)";
for(var i = 0;i<50;i + +){
context.translate(25,25);
context.fillRect(0,0,100,50);
}
}
</script>
</head>
<body onload = "draw('canvas');">
<h1>变换原点坐标</h1>
<canvas id = "canvas" style = "border:1px solid;" width = "400" height = "300">
</canvas>
</body>
</html>
```

在 Dreamweaver 2021 中运行上述代码后，其结果如图 7-3-1 所示。

在 draw 函数中，使用 fillRect 方法绘制了一个矩形，然后使用 translate 方法将其平移到一个新位置，并从新位置开始，使用 for 循环连续移动多次坐标原点，即多次绘制矩形。

注意：

如果使用 Dreamweaver 2021 打开浏览器后无法正常显示其效果，可以找到代码源文件，使用浏览器打开。

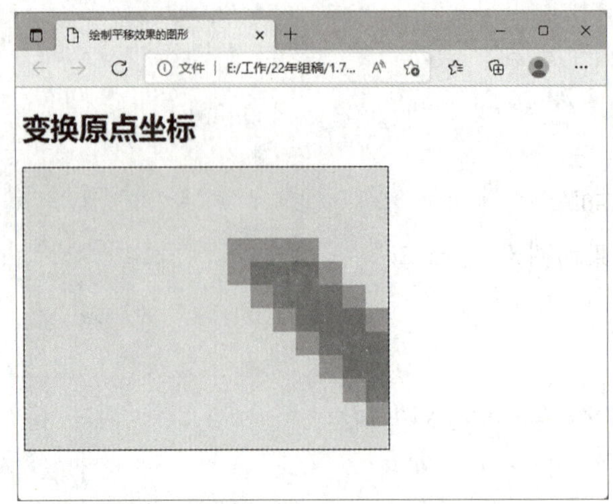

图 7-3-1　绘制平移效果的图形的效果图

下面通过一个案例利用平移绘制雨伞图形，具体代码如下：

```
<!DOCTYPE html>
<html>
<head>
<meta charset="utf-8">
<title>绘制雨伞图形</title>
<script language="javascript">
function drawTop(ctx,fillStyle){
ctx.fillStyle = fillStyle;
ctx.beginPath();
ctx.arc(0,0,30,0,Math.PI,true);
ctx.closePath();
ctx.fill();
}
function drawGrip(ctx){
ctx.save();
ctx.fillStyle = "blue";
ctx.fillRect(-1.5,0,1.5,40);
ctx.beginPath();
ctx.strokeStyle="blue";
ctx.arc(-5,40,4,Math.PI,Math.PI*2,true);
ctx.stroke();
ctx.closePath();
ctx.restore();
```

```
}
function draw(){
var ctx = document.getElementById("myCanvas").getContext("2d");
//注意:所有的移动都是基于这一语境的
ctx.translate(80,80);
for (var i = 1;i<10;i++){
ctx.save();
ctx.translate(60 * i, 0);
drawTop(ctx,"rgb("+(30 * i)+","+(255-30 * i)+",255)");
drawGrip(ctx);
ctx.restore();
}
}
window.onload = function(){
draw();
}
</script>
</head>
<body>
<canvas id = "myCanvas" width = "700" height = "300"></canvas>
</body>
</html>
```

运行上述代码后，其结果如图 7-3-2 所示。

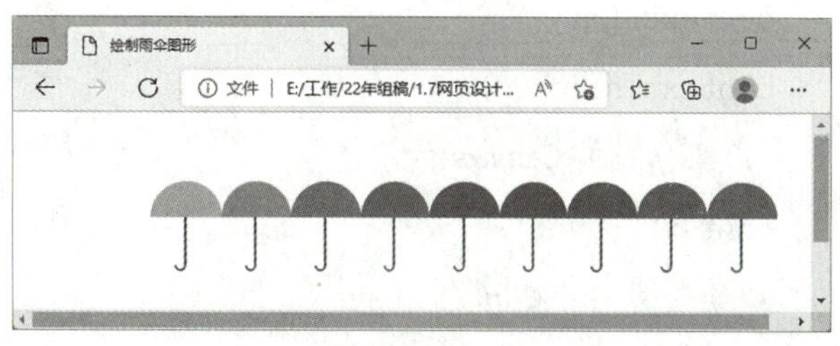

图 7-3-2 绘制雨伞图形的效果图

绘制雨伞图形的案例综合运用了 save、restore 和 translate 方法。下面简单介绍 save 和 restore 方法。save 和 restore 方法用于保存和恢复 canvas 状态，不需要任何参数，语法格式如下：

```
context.save();
context.restore();
```

save 方法可以暂时将当前的状态保存到堆中，这些状态可以是各种属性的值、当前应用的变形、当前裁剪的路径等。restore 方法用于将上一个保存的状态从堆中再次取出，恢复该状态的所有设置。

在 HTML5 中绘制图形时还可以保存和恢复 canvas 状态，下面通过一个案例演示保存和恢复 canvas 状态。

首先绘制一个矩形，填充颜色为＃ff00ff，轮廓颜色为蓝色，然后保存这个状态，再绘制另外一个矩形，填充颜色为＃ff0000，轮廓颜色为绿色，最后恢复第一个矩形的状态，并绘制两个小的矩形，则其中一个矩形的填充颜色必为＃ff00ff，另外一个矩形的轮廓颜色必为蓝色，则此时已经恢复了原来保存的状态，所以会沿用最先设定的属性值。具体代码如下：

```
<!DOCTYPE html>
<html>
<body>
<head>
<meta charset="utf-8">
<title>保存和恢复 canvas 状态</title>
<canvas id="myCanvas" style="border:1px solid;" width="300" height="200">
</canvas>
<script type="text/javascript">
var c=document.getElementById("myCanvas");
var context=c.getContext("2d");
// 开始绘制矩形
context.fillStyle="#ff00ff";
context.strokeStyle="blue";
context.fillRect(20,20,100,100);
context.strokeRect(20,20,100,100);
context.fill();
context.stroke();
// 保存当前 Canvas 的状态
context.save();
//绘制另一个矩形
context.fillStyle="#ff0000";
context.strokeStyle="green";
context.fillRect(140,20,100,100);
context.strokeRect(140,20,100,100);
context.fill();
context.stroke();
// 恢复第一个矩形的状态
context.restore();
```

```
// 绘制两个矩形
context.fillRect(20,140,50,50);
context.strokeRect(80,140,50,50);
</script>
</body>
</html>
```

运行上述代码后，其结果如图 7-3-3 所示。

注意：

可以尝试将“context. restore();”一行删除，然后查看代码的运行效果，比较一下有何不同。

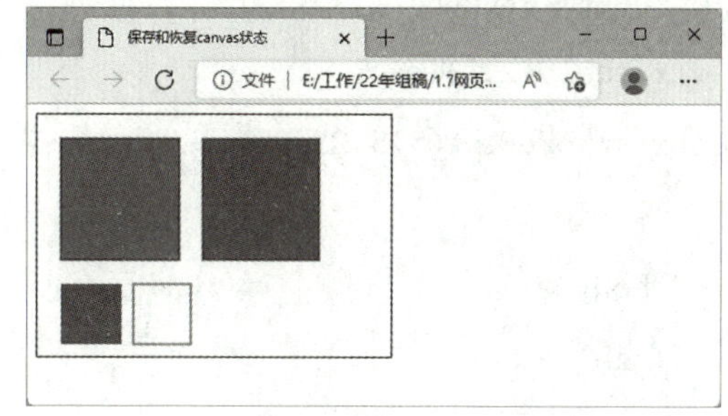

图 7-3-3 使用保存和恢复 canvas 状态的效果图

7.3.2 绘制缩放效果的图像

图形变形比较常用的方法是对图形进行缩放，即以原图为参考，放大或缩小图形，从而增加效果。

如果需要实现图形缩放，必须使用 scale(x,y) 方法，该方法有两个参数，分别代表在 x、y 两个方向上的值。每个参数在 canvas 上显示图像时，向其传递在该方向轴上图像要放大(或缩小)的量。如果 x 值为 2，则表示所绘制图像中的全部元素都会变成原来的两倍宽。如果 y 值为 0.5，则表示所绘制图像中的全部元素都会变成原来的一半高。

下面通过一个案例演示绘制一个矩形，放大到 200%，再次绘制矩形；放大到 200%，再次绘制矩形；放大到 200%，再次绘制矩形。具体代码如下：

```
<!DOCTYPE html>
<html>
<head>
<meta charset="utf-8">
<title>绘制一个矩形并放大</title>
</head>
<body>
<canvas id="myCanvas" width="300" height="170" style="border:1px
solid #d3d3d3;">
您的浏览器不支持 HTML5 canvas 标签。
</canvas>
<script>
```

```
var c = document.getElementById("myCanvas");
var ctx = c.getContext("2d");
ctx.strokeRect(5,5,25,15);
ctx.scale(2,2);
ctx.strokeRect(5,5,25,15);
ctx.scale(2,2);
ctx.strokeRect(5,5,25,15);
ctx.scale(2,2);
ctx.strokeRect(5,5,25,15);
</script>
</body>
</html>
```

在 Dreamweaver 2021 中运行上述代码后，其结果如图 7-3-4 所示。

下面通过一个案例演示绘制一个呈螺旋状由大到小变化的图形。具体代码如下：

```
<!DOCTYPE html>
<html>
<head>
<meta charset = "utf-8">
<title>绘制一个呈螺旋状由大到小变化的图形</title>
<script language = "javascript">
function draw(){
var ctx =  document.getElementById("myCanvas").getContext("2d");
ctx.translate(200,20);
for (var i = 1;i<90;i++){
ctx.save();
ctx.transform(0.95,0,0,0.95,30,30);
ctx.rotate(Math.PI/12);
ctx.beginPath();
ctx.fillStyle = "red";
ctx.globalAlpha = "0.4";
ctx.arc(0,0,50,0,Math.PI * 2,true);
ctx.closePath();
ctx.fill();
}
```

```
ctx.setTransform(1,0,0,1,10,10);
ctx.fillStyle = "blue";
ctx.fillRect(0,0,50,50);
ctx.fill();
}
window.onload = function(){
draw();
}
</script>
</head>
<body>
<canvas id = "myCanvas" width = "700" height = "300"></canvas>
</body>
</html>
```

运行上述代码后，其结果如图 7-3-5 所示。

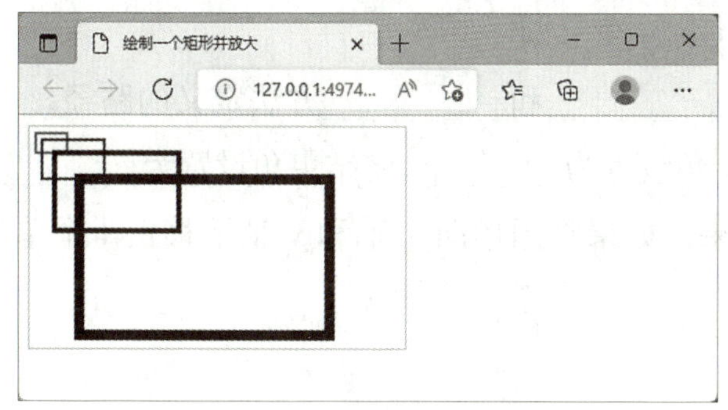

图 7-3-4　绘制矩形并放大的效果图

图 7-3-5　绘制一个呈螺旋状由大到小变化的图形的效果图

本案例使用 transform(0.95,0,0,0.95,30,30)来缩小图形到原来的 0.95 倍，共循环 89 次，同时移动和旋转坐标空间，从而实现图形呈螺旋状由大到小的变化。

思政园地

工匠精神应成为人生的价值标高，成为人才“质检”的衡量标尺。有了这个价值目标和称量标尺，人生才会有方向、有定位、有未来，才能瞄准标高，凝心聚力，逐梦前行。工匠精神是一种技能，是追求高超的工艺水平；工匠精神也是一种品格，需要吃苦、耐劳、坚韧、不懈努力，永不言弃，不断刷新工作标准、工作质量。追求工匠精神是不断求得突破，同时对技艺不断追求完善的过程;是对人品格不断淬炼、不断考验的过程;是让人的潜力不断得到激发,把职业转化为事业的过程;是越挑战越能接受挑战,越突破越能实现突破的过程;是一个让人生价值不断得到升华的过程。

习题

一、选择题

1. 使用 arc()方法绘制圆或创建弧/曲线(用于创建圆或部分圆),用(　　)参数设置起始角。

A. x　　B. y　　C. startAngle　　D. endAngle

2. 圆形的绘制仍是采用绘制路径并填充颜色的方法,(　　)方法用于结束绘制路径。

A. closepath　　B. beginpath　　C. close　　D. begin

3. clearRect()方法中的(　　)参数表示要清除的矩形的高度。

A. x　　B. width　　C. y　　D. height

二、填空题

1. 使用 stroke()方法可实际绘制出通过__________和__________方法定义的路径。

2. 如需通过 arc()方法来创建圆,应将起始角设置为________,将结束角设置为________。

3. 在 canvas 中,有方法用来实现图案效果。如果将图形向 x 轴和 y 轴平移正 1 个单位,需要使用__________方法。

三、操作题

定义一个从黑到红再到白的渐变,并作为矩形的填充样式,如图 7-3-6 所示。

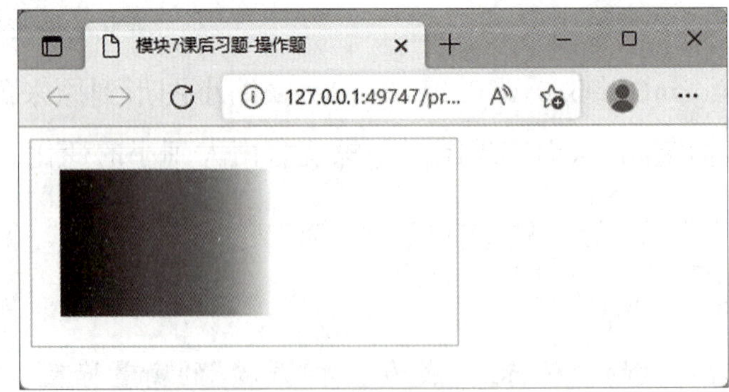

图 7-3-6　模块 7 操作题的效果图

模块 8

CSS3 基 础

在网页设计中，CSS 与 HTML、JavaScript 并列为网页设计的基础性语言。其中，HTML 主要描述网页的结构和内容，利用其丰富的标签可以构建不同的网页结构；CSS 主要用于设计网页的样式和效果，为浏览者提供较好的用户体验；而 JavaScript 则用于实现网页的交互行为和特效，使网页有“动”起来的能力。

学习目标

- 掌握 CSS 的概述。
- 掌握 CSS3 的常用选择器。
- 了解在 Dreamweaver 中操作 CSS3 的方法。
- 掌握使用 CSS3 样式表的方法。
- 掌握使用 CSS3 控制页面样式的方法。

8.1 CSS 概述

下面将从 CSS 的定义、发展、功能和优势方面来详细讲解 CSS。

1. CSS 的定义

层叠样式单 CSS(cascading style sheet)，又称为级联样式单，是一组格式设置规则，用于控制 Web 页面在浏览器中的外观。使用它可以有效地对页面的布局、字体、颜色、背景和其他效果实现更加精确的控制，并且实现页面内容与页面外观控制的分离。页面内容放置在 HTML 文档中，而用于定义外观格式的 CSS 代码放置在另一个文件中或 HTML 文档的某一部分，通常为文件的头部。这样不仅可以使站点维护起来更加方便，还可以使得 HTML 文档更加简练，同时缩短了浏览器加载时间，并可以复用格式控制规则。

CSS 语言是一种标记语言，它不需要编译，可以直接由浏览器解释执行(属于浏览器解释型语言)。CSS 文件是一个文本文件，它包含了一些预定义的 CSS 标记，CSS 文件必须使用

.css为文件名后缀。

2. CSS 的发展

W3C 组织在 1996 年制定了 CSS 第一版(CSS1)的规则,起初的版本仅能帮助用户进行文字的大小、字体、颜色等基本样式的设置,虽然简单,但由于得到了 Microsoft 公司和 Netscape 公司的积极响应和直接支持,CSS 技术的发展一帆风顺。

1998 年,CSS2 横空出世,它将 HTML 的结构与表现效果分离。另外,CSS1 使用 table 进行页面布局,而 CSS2 推荐使用 DIV+CSS 进行页面元素的定位,大大减少了页面的代码量,同时使 HTML 的语义更加清晰明了。

目前,CSS3 是 CSS 的最新版本,尽管它早在 2000 年就已经成为推荐标准,但由于各浏览器的支持标准还不统一,所以没有完全被程序员大规模应用到生产环境中。CSS3 的主要特点是将新增技术分解成盒子模型、列表模块、超链接方式、语言模块、背景和边框、文字特效、多栏布局等模块,这些模块可以独立发布和实现。

3. CSS 的功能和优势

图文

CSS 概述

在几乎所有的浏览器上都可以使用 CSS,其功能包括以下几个。

(1)可以更加灵活地控制网页页面中文本的字体、颜色、大小、间距、风格及位置等。

(2)可以灵活地为网页中的元素设置各种效果的边框。

(3)可以方便地为网页中的元素设置不同的背景颜色、背景图片及平铺方式等。

(4)可以更加准确地控制网页中各元素的位置,使元素在网页中浮动。

(5)可以为网页中的元素设置各种滤镜,产生如阴影、模糊和透明等只有在一些图像处理软件中才能实现的特殊效果。

(6)可以与脚本语言结合使用,实现网页元素的动态效果。

相对于传统的 TABLE 网页布局,采用 CSS 布局具有以下 4 个显著优势。

(1)表现和内容相分离。将格式设计部分剥离出来放在一个独立样式的文件中,HTML 文件中只能存放文本信息。这样的页面对搜索引擎更加友好。

(2)提高页面浏览速度。对于同一个页面视觉效果,采用 CSS 布局的页面容量会很小。这样,浏览器就不用去编译大量冗长的标签。

(3)易于维护和改版。只要简单地修改几个 CSS 文件就可以重新设计整个网站的页面。

(4)使用 CSS 布局更符合现在的 W3C 标准。

8.2 CSS3 的常用选择器

在 CSS 中,选择器是一种模式,用于选择需要添加样式的元素,使用选择器可以快速地在

HTML 语句中找到需要进行样式设置的元素，并实现样式的设计。CSS 选择器按当前使用的热度主要分为 CSS2 选择器和在 CSS3 中进行扩展的选择器。

在 CSS 的最初版本中，只允许按照类型、类或 id 匹配网页元素，这要求网页开发人员为每个网页元素添加 class 和 id 属性与 CSS 样式关联，用以区分同一类型的不同元素。在 CSS2.1 版本后，增加了伪元素、伪类和选择符。而 CSS3 则提供了更加丰富的选择器，可以用来定位网页中的所有元素。

8.2.1 标签选择器

由于一个网页文档主要是由很多的 HTML 标签按照一定的规则组织而成的，因此标签选择器是 CSS 中使用频率最高的一类选择器。

标签选择器无须重新命名设置，可以直接引用 HTML 的标签元素名，因此标签选择器又称为元素选择器。一般可以使用标签选择器定义网页标签的默认样式，语法格式如下：

```
标签(元素)名{
//样式代码
}
```

下面通过一个案例学习使用标签选择器将段落标记 p 的背景颜色设置为红色，文字颜色设置为白色，同时将大小设置为 14 像素。具体代码如下：

```
<!DOCTYPE html>
<html>
<head>
<meta charset="utf-8">
<title>标签选择器</title>
<style type="text/css">
p{
background-color: #ff0000;      /*设置背景颜色为红色#ff0000*/
color: #ffffff;                 /*设置前景文字的颜色为白色#ffffff*/
font-size: 14px;                /*设置文字的大小为14像素*/
}
</style>
</head>
<body>
<p>这是一个文字段落</p>
</body>
</html>
```

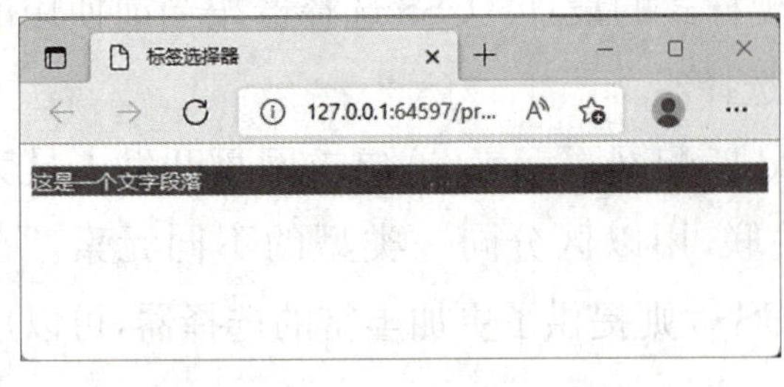

图 8-2-1　使用标签选择器的效果图

在 Dreamweaver 2021 中运行上述代码，其结果如图 8-2-1 所示。

注意：

CSS 允许在代码中插入注释来说明代码的含义，注释有利于读者编辑和更改代码时理解代码的含义。在浏览器中，注释不会显示。CSS 注释以"/ * "开头，以" * /"结尾。

8.2.2 ID 选择器

ID 选择器可以为标有 ID 属性值的 HTML 元素指定特定的样式，在同一个网页中可以指定不同的页面元素，但 ID 选择器只能在 HTML 页面中使用一次。通常情况下，使用 ID 选择器来定义 HTML 框架结构的布局效果，因为 HTML 框架元素的 ID 值都是唯一的。ID 选择器的选择符是"#"。其语法格式如下：

```
#ID 名{
// 样式代码
}
```

下面通过一个案例学习使用 ID 选择器为页面中的两个不同的 DIV 盒子设置相同的大小(长宽均为 100px)，并设置为并排显示，两个盒子的颜色分别为红色及绿色。具体代码如下：

```
<!DOCTYPE html>
<html>
<head>
<meta charset = "utf-8">
<title>ID 选择器</title>
<style type = "text/css">
/*使用标签选择器设置两个 DIV 盒子的通用样式*/
div{
/*设置宽度、高度和浮动方式*/
width:100px;height:100px;float:left;
}
/*设置 box1 盒子样式*/
#box1{
```

```
background-color: #ff0000; /* #ff0000 为红色 */
}
/* 设置 box2 盒子样式 */
#box2{
background-color: #00ff00; /* #00ff00 为绿色 */
}
</style>
</head>
<body>
<div id="box1">盒子一</div>
<div id="box2">盒子二</div>
</body>
</html>
```

在 Dreamweaver 2021 中运行上述代码，其结果如图 8-2-2 所示。

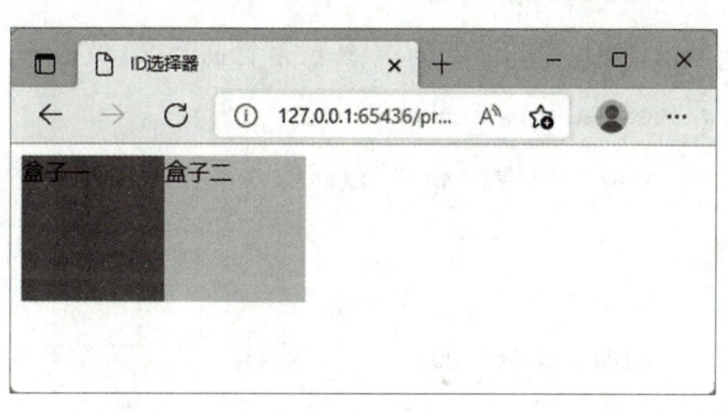

图 8-2-2 使用 ID 选择器的效果图

ID 选择器所定义的样式可以被多次引用，也就是说，在一个 HTML 文档中，一个 ID 值可以被多次使用。虽然 CSS 允许这样的做法，但 JavaScript 等脚本遇到这种情况时会出现错误，所以在设置 ID 属性时，要确保 ID 值在文档中的唯一性。

8.2.3 类选择器

虽然标签选择器和 ID 选择器能够迅速定位需要设置样式的元素，但对于标签选择器来说，它只能影响一种类型的标签，而 ID 选择器在同一个页面中只能使用一次。如果希望同一个标签在网页中的不同位置显示不同的样式，或者不同的标签元素显示相同的样式效果，则标签选择器和 ID 选择器不能满足要求。此时，便可以考虑使用类选择器。

类选择器的定位就是方便不同的标签元素实现相同的样式效果，类似于“#”表示 ID 选择器的标志，类选择器的标志符号为点号“.”。其语法格式如下：

```
类名{
// 样式代码
}
```

下面通过一个案例学习使用类选择器将给定素材的文字内容进行排版，并将正文中包含的“君”字格式设置为红色、加粗，具体代码如下：

```
<!DOCTYPE html>
<html>
<head>
<meta charset = "utf-8">
<title>类选择器</title>
<style type = "text/css">
h1{
font-size: 24px;
text-align: center; /*字体水平对齐方式为居中对齐*/
}
p{
font-size: 16px;
line-height: 20px; /*段落行高为20像素*/
text-align: center;
font-family: "楷体";/*字体名称为楷体*/
}
.jun{
color: #ff0000;
font-weight: bold; /*字体加粗,值为bold*/
}
</style>
</head>
<body>
<h1>只愿君心似我心,定不负相思意</h1>
<p>我住长江头,<span class = "jun">君</span>住长江尾。日日思<span class = "jun">君</span>不见<span class = "jun">君</span>,共饮长江水。</p>
<p>此水几时休,此恨何时已。只愿<span class = "jun">君</span>心似我心,定不负相思意。</p>
</body>
</html>
```

在 Dreamweaver 2021 中运行上述代码，其结果如图 8-2-3 所示。

类选择器可以精确地控制页面中某个具体的元素对象，而不管该对象是属于什么类型的标签，同时，一个类样式可以在多个标签中被引用。虽然类选择器比标签选择器在使用上更精确,但必须把类引用到具体的标签上时才有效,任何标签在没有设置 class 属性时,所定义的类样式都是无效的。

如果把标签与类捆绑在一起定义选择器,则可以限定类的使用范围,指定该类只适合在特定的标签范围内使用。它的用法是在标签的后面紧跟一个类,组成一个指定类范围的复合选择器,语法格式如下:

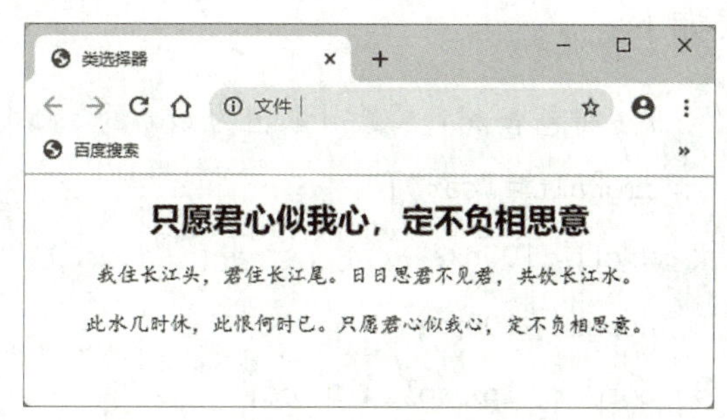

图 8-2-3 使用类选择器的效果图

```
span.font14{
font-size:14px;
}
```

通过为类选择器指定标签范围,能够更准确地控制页面元素的样式,可以避免类样式对所有元素的影响,这是网页设计师比较喜欢的方式之一,在 ID 选择器中也经常会用到此方法。

8.2.4 属性选择器

属性选择器就是利用网页标签包含的属性及其属性值来定义特定元素或一定范围元素的样式。属性选择器一般是一个元素后面跟中括号,中括号内是属性或属性表达式,语法格式如下:

```
div[id="footer"]{
font-size:14px;
}
```

上述代码表示将页面中 ID 号为 footer 的 div 元素字体大小设置为 14 像素。

属性选择器在 IE 6 及其以下版本的浏览器中不能被很好地支持,因此在使用时应注意浏览器的兼容性问题。属性选择器一般分为如下几种。

(1)匹配属性名选择器。这是一种最简单的属性选择器,它能够为包含指定属性名的所有该类型的标签定义样式,语法格式如下:

```
/*为包含 class 属性的 div 元素应用样式*/
div[class]{font-size:14px;color:red}
```

可以设置多个属性名,多个匹配属性名之间分别使用不同的中括号来表示。

(2)匹配属性值选择器。与匹配属性名不同的是,匹配属性值既要匹配属性的名称,还要匹配属性的值,注意在指定属性值时应确保值被双引号引起来。匹配属性值选择器的代码格式如下：

```
/*将包含 alt 属性且取值为 car 的 img 标签应用指定样式*/
img[alt="car"]{
width: 100px;
height: 100px;
border: 1px solid #ccc;
}
```

(3)模糊匹配属性值选择器。这是一类特殊的属性选择器，类似于正则表达式的匹配模式，也是属性选择器中功能最强大的一种，主要包括如下几种匹配模式。

①[|=](连字符匹配):以连字符为分隔符，匹配属性值中的局部字符串。

②[~=](空白符匹配):以空白符为分隔符，匹配属性值中的局部字符串。

③[^=](前缀匹配):匹配属性值中的起始字符。

④[MYM=](后缀匹配):匹配属性值中的结束字符。

⑤[*=](子字符串匹配):匹配属性值存在的指定字符。

下面通过一个案例学习利用模糊匹配属性值选择器分别实现标签元素的选择，并设置不同的字体大小和颜色。具体代码如下：

```
<!DOCTYPE html>
<html>
<head>
<meta charset="utf-8">
<title>属性选择器</title>
<style type="text/css">
p[class|="p1"]{font-size:12px;color:red;}            /*连字符匹配*/
p[class~="abc"]{font-size:14px;color:green;}         /*空白符匹配*/
p[class^="abc"]{font-size:16px;color:blue;}          /*前缀匹配*/
p[classMYM="abc4"]{font-size:18px;color:pink;}       /*后缀匹配*/
p[class*="c5"]{font-size:20px;color:brown;}          /*子字符串匹配*/
</style>
</head>
<body>
<p class="p1-bc">这是 p1 段落</p>
<p class="p2 abc">这是 p2 段落</p>
<p class="abcp3">这是 p3 段落</p>
<p class="pabc4">这是 p4 段落</p>
```

```
<p class="pabc5d">这是 p5 段落</p>
</body>
</html>
```

在 Dreamweaver 2021 中运行上述代码，其结果如图 8-2-4 所示。

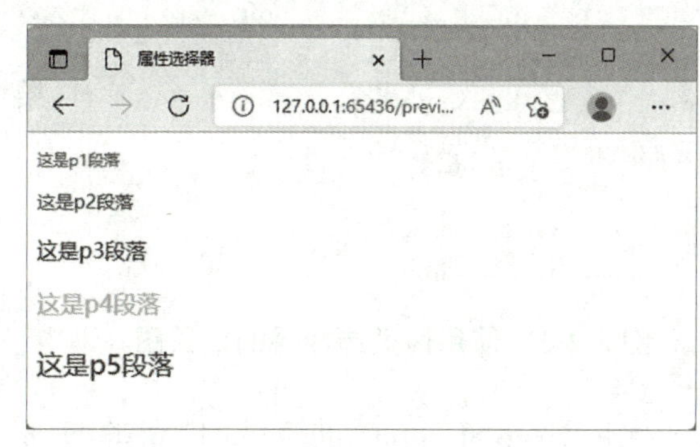

图 8-2-4　使用属性选择器的效果图

8.2.5 伪类选择器

伪类选择器是一种特殊的选择器，它定义了一些特殊区域或特殊状态下的样式，这些特殊的区域或状态是无法通过标签、ID 或 Class 及其他属性进行精确控制的。

伪类一般以冒号(:)为前缀来表示，示例如下：

```
a:hover{
color:red;
text-decoration:underline;
}
```

注意：

伪类的前缀符号与前后名称之间不能有空格。

下面通过一个案例学习利用超链接 a 标签的 4 种伪类选择器定义超链接的 4 种不同状态。具体代码如下：

```
<!DOCTYPE html>
<html>
<head>
<meta charset="utf-8">
<title>伪类选择器</title>
<style type="text/css">
a:link{color:#ff0000;}                /*正常链接状态下的样式*/
a:visited{color:#00ff00;}             /*访问后的样式*/
a:hover{color:#0000ff;}               /*鼠标经过时的样式*/
a:active{color:#ff00ff;}              /*超链接被激活时的样式*/
</style>
</head>
<body>
```

```
<a href = "#">点击此链接</a>
</body>
</html>
```

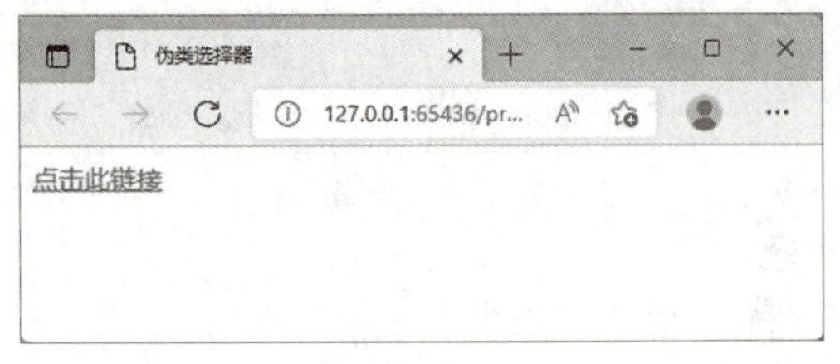

图 8-2-5　使用伪类选择器的效果图

在 Dreamweaver 2021 中运行上述代码，其结果如图 8-2-5 所示。

伪类选择器分成三大类，具体如下。

(1)结构伪类。可以通过文档结构的相互关系来匹配特定的元素，对于有规律的文档结构，可以减少 class 和 id 的定义，使得文档结构更加清晰。

①E:first-of-type。匹配与 E 同类型、同级的兄弟元素中的第一个元素。

②E:last-of-type。匹配与 E 同类型、同级的兄弟元素中的最后一个元素。

③E:only-of-type。匹配与 E 同类型、同级的兄弟元素中的唯一一个元素。

④E:last-child。匹配 E 元素，而且必须是其父元素的最后一个子结点元素。

⑤E:first-child。匹配 E 元素，而且必须是其父元素的第一个子结点元素。

⑥E:only-child。匹配 E 元素，而且必须是其父元素的唯一子结点的元素。

⑦E:nth-child(n)。匹配 E 元素，而且必须是其父元素的第 n 个子结点元素。

⑧E:nth-last-child(n)。匹配 E 元素，而且必须是其父元素的倒数第 n 个子结点元素。

⑨E:nth-of-type(n)。匹配 E 元素，而且是与其同类型、同级的兄弟元素中的第 n 个元素。

⑩E:nth-last-of-type(n)。匹配 E 元素，而且是与其同类型、同级的兄弟元素中的倒数第 n 个元素。

⑪E:root。匹配文档根元素。根元素是位于文档结构中的顶层元素。在 HTML 页面中，根元素就是<html>元素。

⑫E:empty。匹配 E 元素，而且其内部没有任何子元素(包括文本结点)。

(2)UI 元素状态伪类。可以设置元素处于某种状态下的样式。在人机交互过程中，只要元素状态发生变化，选择符就有可能会匹配成功。

①E:checked。匹配 E 元素，且当前处于选中状态。

②E:enabled。匹配 E 元素，且当前处于可用状态(大多用在表单元素上)。

③E:disabled。匹配 E 元素，且当前处于不可用状态。

(3)伪元素选择器。并不针对真正的元素使用该选择符，而是针对 CSS 已经定义好的伪元素使用。

①::selection。匹配 E 元素中当前被选中的内容。注意，只能向::selection 选择器应用少量 CSS 属性，如 color、background、cursor 及 outline。除此之外，CSS3 还增加了两个特殊的伪类选择器，具体如下。

②E:target。匹配 E 元素，而且匹配的是锚点为 E 的目标元素。URL 后面跟有锚名称 #，指向文档内的某个具体的元素。该被链接的元素就是目标元素，应用于锚点（要跳转到的位置），如 target{background:#f00;}。

③E1:not(E2)。匹配非 E2 元素的每个 E1 元素，如 not(P){background:#f00;}。

8.2.6 派生选择器

标签选择器、ID 选择器和类选择器是 CSS3 的三大基本选择器，也是最常用的类型。但仅仅掌握它们是完全不够的，还需要掌握一些派生选择器的使用。

1. 子选择器

子选择器就是指定父元素所包含的子元素的样式。子选择器使用尖括号（>）来表示，语法格式如下：

```
div>span{color:#ff0000;}
```

2. 相邻选择器

相邻选择器是指定一个元素相邻的下一个元素的样式，相邻选择器使用加号（+）来表示，语法格式如下：

```
div + span{color:#00ff00;}
```

3. 包含选择器

包含选择器通过空格标识符来表示，前面的选择器表示包含对象的选择器，而后面的选择器表示被包含的选择器，语法格式如下：

```
div span{color:#0000ff};
```

4. 多层选择器嵌套

在 CSS 选择器中，使用选择器嵌套来实现对 HTML 结构中一些纵深元素的控制。嵌套的层级并没有明确的限制，嵌套的分隔符也用空格来表示，语法格式如下：

```
div p.title a{font-size:14px;color:red;}
```

8.3 Dreamweaver 中的 CSS3

在 Dreamweaver 2021 中简化了 CSS3 的操作，方便了用户开发代码，在标签组的“CSS 设计器”选项卡中可以管理源、媒体、选择器和属性，如图 8-3-1 所示。

(1)在"源"选项组中单击+按钮或-按钮可以快速应用或删除 CSS 源文件；在添加行的 CSS 源时有 3 种选项，用户根据自身需要选择即可(关于这 3 种选项的不同将在 8.4 小节进行讲解)，如图 8-3-2 所示。

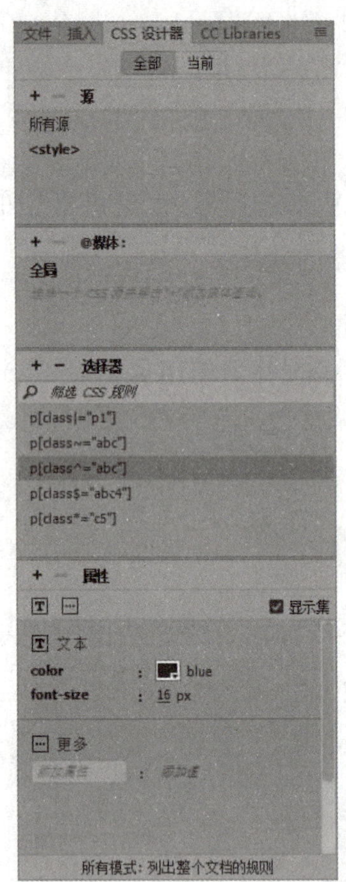

创建新的 CSS 文件
附加现有的 CSS 文件
在页面中定义

图 8-3-1 标签组中的"CSS 设计器"选项卡　图 8-3-2 添加行的 CSS 源时的 3 种选项

(2)在"@媒体"选项组中单击+按钮或-按钮可以快速添加或删除媒体。

(3)在"选择器"选项组中单击+按钮或-按钮可以快速添加或删除选择器。

(4)当选中任何一个选择器时，会在"属性"选项组中显示该选择器的所有属性，并且可以单击+按钮或-按钮快速添加或删除属性。

8.4 使用 CSS3 的样式表

在 HTML 文件中使用 CSS3 样式表的方法有如下 3 种。

1. 行内声明

行内声明就是直接将 CSS3 样式写在 HTML 标记中。

如果网页中只有少数几行 HTML 代码需要使用 CSS3 样式，并且这些样式在其余代码中不会被重复使用，则可以采用行内声明的方式。在对应的标记中利用 style 属性声明 CSS3 语法，并写明样式规则就可以了，语法格式如下：

```
<p style = "font-size:14px;line-height:1.5em;color:#0000ff">
曲曲折折的荷塘上面，弥望的是田田的叶子。叶子出水很高，像亭亭的舞女的裙。
层层的叶子中间，零星地点缀着些白花，有袅娜地开着的，有羞涩地打着朵儿的；
正如一粒粒的明珠，又如碧天里的星星，又如刚出浴的美人。
</p>
```

大部分 HTML 标记都有 style 属性，如文字、图片、表格、链接、表单等都可以利用 style 属性来改变样式效果。但行内声明的方式仅对该行语句有效，如果一个网页中存在大量的行内样式声明，则会使网页代码的可读性非常差，因此在开发过程中不建议使用这种方式。

2. 内嵌声明

内嵌声明（embedding）就是将 CSS 样式表放在 HTML 文件的标头区域，也就是 <head></head>标记中。

内嵌声明的方式是在 HTML 中的<head></head>区域中以<style></style>标记进行声明，语法格式如下：

```
<!DOCTYPE html>
<html lang = "en">
<head>
<meta charset = "utf-8">
<title>内嵌声明</title>
<style type = "text/css">
h1{
font-size: 24px;
line-height: 32px;
text-align: center;
}
</style>
</head>
<body>
<h1>文档标题</h1>
</body>
</html>
```

<style type="text/css"></style>标记用来表明样式表，其中，type 属性告诉浏览器使用的是 CSS 样式。

内嵌声明的好处是可以将网页中的 CSS3 样式进行统一管理，做到样式与 HTML 代码

的分离，便于设计师编写样式代码，但缺点是只能应用于当前网页，不能被重用，如果网站的其他页面需要用到某些相同的样式代码，则需要重写一份，这会造成代码的冗余问题。

3. 链接外部样式文件

链接外部样式文件即先将 CSS3 样式表存储为独立的文件（后缀名为. css），然后在 HTML 文件中以链接的方式进行声明。

链接外部样式文件是应用 CSS3 样式最常用的方法，一是能做到样式与代码的有效分离；二是能实现代码的重用，可以帮助网站内的其他页面复用页面样式。

样式文件的文件名通常以“. css”作为扩展名，设计师可以将网站的样式代码编写在新建的. css 文件中，并通过下面两种方法进行引用。

(1)链接外部样式文件。其语法格式如下：

```
<link rel = "stylesheet" type = "text/css" href = "文件路径/文件名" />
```

(2)导入外部样式文件。其语法格式如下：

```
<style type = "text/css">
@import "样式文件的路径/文件名";
</style>
```

事实上，使用 link 和@import 链接外部样式文件的效果基本一致，区别在于<link>是 HTML 标记，而@import 属于 CSS 语法，另外一个区别是使用<link>方式加载的样式代码会在页面加载的同时被加载，而使用@import 方式加载的样式代码会在页面文件全部加载完后再加载，这种方式在文件较大且网速较慢时弊端会显现出来。同时，@import 是在 CSS2. 1 之后被提出的，只有在 IE 5 以上的浏览器中才会被识别。因此，在实际开发过程中，大部分网页会使用<link>方式实现样式文件的导入。

8.5 控制页面样式

8.5.1 控制圆角边框样式

在 CSS2 样式设计中，有关边框的样式一直是以直角形式呈现的，这样的设计虽然中规中矩，但灵活度不够，页面显得比较僵硬。后来，网页元素扁平化风潮袭来，设计师为了达到圆角边框的效果，通常使用的方法是利用多张图片作为背景图案，利用这种方法需要编写冗余代码，而且要载入图片，会增加页面文件的大小。

而 CSS3 通过引入 border-radius 属性彻底解决了圆角边框的问题，此属性会同时设置矩形 4 个角的圆角效果，语法格式如下：

```
border-radius：圆角半径；
```

下面通过一个案例学习控制圆角边框样式，设置给定图片的长度为 200 px，宽度自适应，并设置边框为 1 px 实线，颜色为#ccc，内边留白为 4 px，同时设置图片的 4 个角为圆角，大小为 20 px。具体代码如下：

```
<!DOCTYPE html>
<html>
<head>
<meta charset = "utf-8">
<title>圆角边框</title>
<style type = "text/css">
img{
width：200px；
height：auto；                          /*高度自适应*/
border：1px solid #ccc；                /*设置边框样式*/
border-radius：20px；                   /*设置圆角边框*/
padding：4px；                          /*设置内边距*/
}
</style>
</head>
<body>
<img src = "../案例文件/002.png" alt = "风景图片">
</body>
</html>
```

在 Dreamweaver 2021 中运行上述代码，其结果如图 8-5-1 所示。

图 8-5-1 控制圆角边框样式的效果图

8.5.2 控制背景样式

在 CSS3 中，一般用 background-color、background-image、background-position、background-repeat、background-attachment 等属性进行背景样式的设置。

(1)background-color：设置元素的背景颜色，这种颜色是一种纯色，会填充元素的内容、内边距和边框区域，

扩展到元素边框的外边界(但不包括外边距),如果边框有透明部分,会透过这些透明部分显示出背景色。其语法格式如下:

```
div#pic{background-color:#ff0000;} /*设置#pic元素的背景颜色为红色*/
```

(2)background-image:设置元素的背景图像,元素的背景占据了元素的全部尺寸,包括内边距和边框,但不包括外边距。背景图像默认位于元素的左上角,并在水平和垂直方向上重复。其语法格式如下:

```
div#pic{background-image:url("./images/bg.jpg");}
```

background-image 属性的取值除 url 路径外,也可以取值为 none 和 inherit,分别表示不显示图像和从父元素继承 background-image 属性值。

(3)background-position:设置背景图像的起始位置,默认情况下背景图像的起始位置位于元素的左上角,如果需要此设置在 Firefox 和 Opera 浏览器中仍能正常显示,则需要将 background-attachment 的属性值设置为"fixed"。其语法格式如下:

```
div#pic{background-position:50% 50%;} /*设置背景图像从中间位置开始*/
```

除使用百分比进行属性值的设置外,还可以使用表 8-5-1 列出的值进行 background-position 的设置。

表 8-5-1　background-position 的取值

值	描　述
top left, top center, top right, center left, center center, center right, bottom left, bottom center, bottom right	如果只使用一个值,则第二个值默认取 center。默认值为 top left(0% 0%)
x% *y*%	第一个值是水平位置百分比,第二个值是垂直位置百分比。左上角是0% 0%,右下角是100% 100%。如果只使用了一个值,则另一个值为50%
*x*pos *y*pos	第一个值是水平位置值,第二个值是垂直位置值。左上角是 0 0,其单位可以是像素,也可以是其他单位。如果仅规定了一个值,则另一个值将是50%,注意百分比和单位值可以混用

(4)background-repeat:设置背景图像的重复显示取值,默认情况下,背景图像在水平和垂直方向均重复显示,如果显示区域的大小大于图像本身的大小,则图像将在显示区域中横向及纵向平铺显示。其语法格式如下:

```
div#pic{background-repeat:repeat;} /*设置元素的背景重复为纵向横向重复*/
```

background-repeat 的默认取值为 repeat,还可以取其他值,见表 8-5-2。

表 8-5-2 background-repeat 取值

值	描 述
repeat	默认值。背景图像在水平和垂直方向居中
repeat-x	背景图像在水平方向重复
repeat-y	背景图像在垂直方向重复
no-repeat	背景图像仅显示一次
inherit	从父元素继承 background-repeat 属性的设置

(5)background-attachment:设置背景图像是否固定或者随着页面的其余部分滚动而移动。其语法格式如下:

```
div#pic{background-attachment:fixed;} /*设置背景图像固定*/
```

background-attachment 的默认取值为 scroll,还可以取其他值,见表 8-5-3。

表 8-5-3 background-attachment 的取值

值	描 述
scroll	默认值。背景图像会随着页面其余部分滚动而移动
fixed	当页面的其余部分滚动时,背景图像不会移动
inherit	从父元素继承 background-attachment 属性的设置

下面通过一个案例学习控制背景样式,为给定的课程表添加背景图像样式,要求设置课程表的表头区域颜色为#336699,课程表主体区域使用平铺的图案。具体代码如下:

```
<!DOCTYPE html>
<html>
<head>
<meta charset="utf-8" />
<title>背景图像设置</title>
<style type="text/css">
table{
border:1px solid red;
padding:10px;
}
table thead tr th{
height:80px;
background-image:url("./tuan.png");
background-repeat:repeat-x;
}
table tbody tr td{
```

```
width:200px;
height:400px;
border:1px solid red;
background-image:url("./fu.png");
background-repeat:no-repeat;
background-position:50%;
background-color:#ff0000;
}
</style>
</head>
<body>
<table>
<thead>
<tr>
<th colspan="2"></th>
</tr>
</thead>
<tbody>
<tr><td></td><td></td></tr>
</tbody>
</table>
</body>
</html>
```

在 Dreamweaver 2021 中运行上述代码，其结果如图 8-5-2 所示。

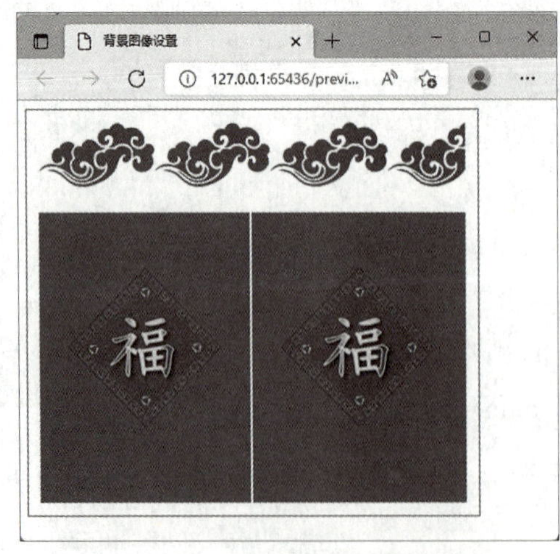

图 8-5-2　背景图像设置的效果图

8.5.3 控制颜色样式

人们在浏览网页时，除了对网页的内容有一定要求外，还非常注重色彩上的感受，所以对不同的网页主题需要配以不同的色彩表现。例如，健康食品类的网站大多以绿色为网页的主色调，科技类的网站大多以蓝色为主色调，政府类的网站大多以红色为主色调。为元素添加颜色是网页设计中丰富页面效果的一种常用手段，可以通过设置文本颜色、区域的背景颜色等来完成。

在网页设计中，我们常用十六进制色、RGB 颜色、RGBA 颜色和预定义颜色方法定义颜色。

(1)十六进制色。十六进制色的格式为＃rrggbb，其中，rr 表示红色，gg 表示绿色，bb 表示蓝色，所取的值必须介于 00 与 ff 之间，如＃ff0000 表示红色，＃999999表示灰色，如果每组的色值一致(如＃6699cc)，那么可以简写成＃69c。

(2)RGB 颜色。RGB 颜色值的格式为 RGB(red，green，blue)，每个参数定义颜色的强度，取值可以是介于 0 与 255 之间的整数，或者是百分比值。例如，绿色的 RGB 表示为 RGB(0,255,0)，用百分比表示为 RGB(0％，100％，0％)。

(3)RGBA 颜色。RGBA 颜色是 RGB 颜色值的扩展，附加有一个 ALPHA 通道，它规定了对象的不透明度，RGBA 格式为 RGBA(red，green，blue，alpha)，alpha 值是介于 0.0(完全透明)与 1.0(完全不透明)之间的数值，如半透明的蓝色可以表示为 RGBA(0,0,255,0.5)。

注意：

RGBA 颜色值对浏览器的版本有一定要求，IE 9 版本以下的浏览器不能正常显示。

(4)预定义颜色。HTML 和 CSS 颜色规范中定义了 147 种颜色名称，包含 17 种标准色和 130 种其他颜色，17 种标准色是 aqua、black、blue、fuchsia、gray、green、lime、maroon、navy、olive、orange、purple、red、silver、teal、white 和 yellow。其他颜色值可以参考网址 http://www.w3school.com.cn/cssref/css_colornames.asp 上的内容。

网页中颜色值的定义基本上使用上述 4 种类型值，那么如何在 CSS 中使用这些颜色从而给指定的元素设置颜色呢？在 CSS 中与颜色相关的属性大致有 color、background-color、opacity、border-color 几种。

(1)color 属性。color 属性在 CSS 颜色中是比较常用的，它主要用来检索或设置对象的文本颜色，如需要设置 span 标签的文本颜色为红色，则代码如下：

```
span{
color:red;
}
```

(2)background-color 属性。background-color 用来设置元素的背景颜色，当同时定义了背景颜色和背景图像时，背景图像覆盖在背景颜色之上，如需要设置 div 标签的背景色为蓝色，则代码如下：

```
div{
width:100px;
height:100px;
background-color:rgb(0,0,255);
}
```

(3)opacity 属性。opacity 属性用来检索或设置对象的不透明度，其使用浮点数指定对象的不透明度，值被约束在 0.0～1.0 的范围内，如果超过了这个范围，其计算结果将截取到与之最相近的值，如需要为 p 标签设置半透明的黑色，则代码如下：

```
p{
background-color:#000;
opacity:0.5;
}
```

(4)border-color 属性。border-color 能够设置或检索对象的边框颜色，如果提供一个参数值，则表示上下左右的颜色值都为设置值；如果提供两个参数值，第一个用于上下，第二个用于左右；如果提供 3 个参数值，第一个用于上，第二个用于左右，第三个用于下；如果提供 4 个参数值，则按照上、右、下、左的顺序作用于 4 条边。

8.5.4 控制页面布局

图文
样式表的优先级

在传统的基于 DIV＋CSS 的浮动、定位基础之上，CSS3 提供了一系列新的布局方式，包括弹性盒模型、多列、媒体查询等，利用这些布局方式可以灵活地处理复杂的网页布局。下面将主要介绍多栏布局和盒布局。

1. 多栏布局

网页设计者如果要设计多栏布局，有两种方法：一种是浮动布局，另一种是定位布局。浮动布局比较灵活，但容易发生错位，需要添加大量的附加代码或无用的换行符，增加了不必要的工作量。定位布局可以精确地确定位置，不会发生错位，但是无法满足模块的适应能力。CSS3 新增了与多栏布局相关的属性，可以从多个方面去设置，如多栏的栏数、每栏的宽度、栏与栏之间的距离和分隔线、跨多栏设置等。

CSS3 新增了 columns 属性，该属性用于快速定义多栏布局的栏数目和每栏的宽度，基于 webkit 内核的替代私有属性是-webkit-columns。

columns 属性的语法格式如下：

```
columns:<column-width>||<column-count>;
```

其中，column-width 用于设置每栏的宽度，column-count 用于设置多栏的栏数。下面通过一个案例来演示 CSS3 的多栏布局效果，使用多栏布局制作一个三栏的页面效果。具体代码如下：

```
<!DOCTYPE html>
<html>
<head>
<meta charset = "utf-8" />
<title>多栏布局</title>
<style type = "text/css">
.box{
width:360px;
border:1px solid #333;
padding:5px;
column-count:2;
}
.box p{
text-indent: 2em;
margin:0px;
line-height: 1.5em;
}
</style>
</head>
<body>
<div class = "box">
<p>未来的世界,我们将不再由石油驱动,而是由数据驱动;未来的世界,生意将是 C2B 而不是 B2C,用户改变企业,而不是企业向用户出售——因为我们将有大量的数据。制造商必须个性化,否则他们将非常困难。</p>
<p>未来的世界,所有的制造商生产的机器不仅会生产产品,它们必须说话,它们必须思考。机器不会再由石油和电力驱动,机器由数据来支撑。</p>
<p>未来的世界,企业将不再关注于规模,企业不再关注于标准化和权力,他们会关注于灵活性、敏捷性、个性化和用户友好。</p>
</div>
</body>
</html>
```

在 Dreamweaver 2021 中运行上述代码，其结果如图 8-5-3 所示。

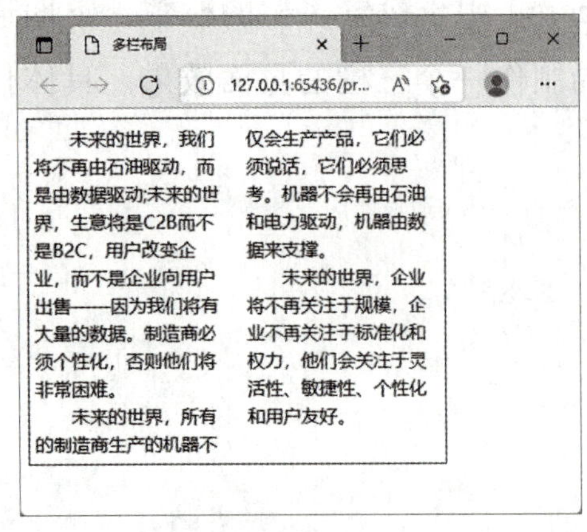

图 8-5-3　控制页面布局后的效果图

以上是多栏布局的应用，我们也可以继续通过设置 column-width、column-gap、column-rule、column-span 属性来完成更多的效果设置，读者可自行测试其效果。

2. 盒布局

在 CSS3 中，盒布局的使用有两种方式：一种是水平布局，另一种是垂直布局。水平布局会将窗口内的多个子区域以水平的方式进行横向排列显示，而垂直布局则是将容器内的多个子区域以垂直的方式纵向排列显示。当在 CSS3 中将容器的 display 属性设置为 box 时，该容器子元素便将以盒布局的方式进行显示。

下面通过一个案例来演示 CSS3 的盒布局效果，使用盒布局实现左右两栏的效果。具体代码如下：

```
<!DOCTYPE html>
<html>
<head>
<meta charset="utf-8" />
<title>盒布局</title>
<style type="text/css">
.box{
width:360px;
border:1px solid #333;
padding:5px;
display:-webkit-box;
-webkit-box-orient: horizontal;
}
.box1{
-webkit-box-flex:1;
background-color:red;
}
.box2{
-webkit-box-flex:1;
background-color:green;
}
```

```
</style>
</head>
<body>
<div class = "box">
<div class = "box1">
这是子盒子 1
</div>
<div class = "box2">
这是子盒子 2
</div>
</div>
</body>
</html>
```

在 Dreamweaver 2021 中运行上述代码,其结果如图 8-5-4 所示。

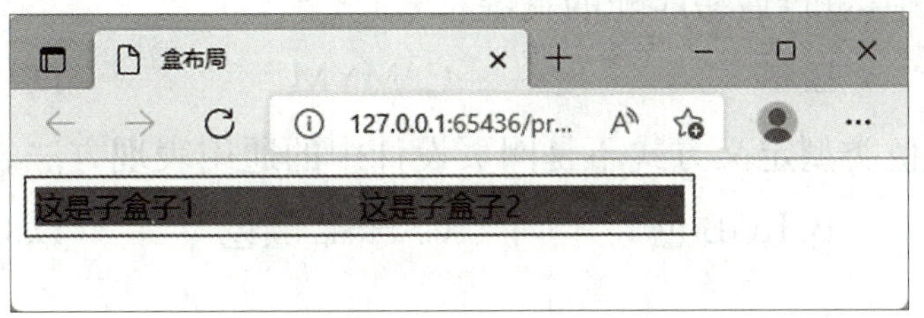

图 8-5-4　盒布局效果图

思政园地

作为工匠精神的杰出代表,艾爱国精益求精、追求卓越、勇于自主创新,成为一身绝技的焊接行业领军人。由艾爱国牵头成立的湘钢焊接试验室于 2009 年通过了计量资质 CMA 认证;2013 年被湖南省总工会命名为"湖南劳模示范创新工作室";2014 年被中华全国总工会命名为"全国示范性劳模创新工作室";2018 年批准成为"焊接工艺技术湖南省重点实验室"。艾爱国带领他的团队参与了"贯流式"新型高炉紫铜风口焊接等国内多项"大国重器"与"超级工程",为我国冶金、矿山、机械、电力、军工等行业攻克各种焊接技术难关数百项。一把焊枪,征战四方,这抹夺目焊光也一道照亮了中国制造的崛起之路。

艾爱国荣膺"大国工匠"称号将掀起学习劳模精神、劳动精神、工匠精神,争当工匠人才的热潮。同学们应该执着专注、精益求精、传承创新、追求卓越,在自己的专业领域不断做到更好。

习题

一、选择题

1.(　　)不是 CSS 的标准选择器。

A. 标签选择器　　B. ID 选择器　　C. 类选择器　　D. 行为选择器

2. 代码"<p style="font-size:12px;">"使用的是(　　)CSS 样式表调用方式。

A. 行内声明　　B. 内嵌声明

C. 链接外部样式文件　　D. 以上都不是

3. 如果想要对属性 data-role 值为 header 的 div 元素设置特定样式,则使用的选择器应该是(　　)。

A. div. data-role=header　　B. div[data-role=header]

C. div(data-role=header)　　D. div[data-role:header]

4. 在属性选择器中,进行后缀匹配的关键符号是(　　)。

A. !　　B. ~　　C. MYM　　D. *

5. 以下(　　)颜色类型定义方式不是网页设计中的通用表现方法。

A. 十六进制色　　B. RGB 色　　C. HSL 颜色　　D. CMYK 色

二、填空题

1. CSS3 样式表的调用方式与之前版本的方式类似,一共有__________、__________和__________三种。

2. 我们通常使用__________选择器设置页面中的唯一元素,而选择器可以在页面中被多次使用。

3. 在 CSS3 中,可以使用__________属性设置元素的圆角边框样式。

4. background-repeat 可以设置背景图像的__________效果。

5. 在 CSS3 的多栏布局中,可以使用__________属性设置栏目的数量。

三、简答题

1. 请叙述 CSS2 与 CSS3 的联系与区别。

2. CSS3 的常用选择器有哪几种?

模块 9

CSS3 高级应用

在模块 8 的学习中，我们初步掌握了 CSS3 的基础知识，对 CSS3 选择页面元素及样式的设置有了一个基本认知。本模块将继续介绍 CSS3 的一些高级应用，通过本模块的学习，可以了解如何使用 CSS3 在页面中插入文本、图像等页面组成元素，以及实现元素变形等效果。

学习目标

- 掌握使用 CSS3 在页面插入内容的方法。
- 掌握使用 CSS3 控制文本样式的方法。
- 掌握使用 CSS3 元素变形处理的方法。
- 了解 CSS3 的样式过渡。
- 了解 CSS3 的 animation 复杂动画的使用。

9.1 在页面中插入内容

在 CSS3 以前，想要在页面中插入内容，一般是结合 HTML 实现静态内容的插入，对于动态的内容，可以通过 JavaScript 脚本语言或 PHP 动态语言动态获取。在 CSS3 中，同样可以进行文字、图像、项目编号等内容的插入。

9.1.1 插入文字

CSS3 提供了 before 和 after 两种选择器用以实现在所选择的页面元素前面或者后面插入指定的文字信息，文字信息存放在这些选择器的 content 属性中。before 选择器和 after 选择器的使用格式如下：

```
元素:before{
content:"文本内容";
```

```
}
元素:after{
content:"文本内容";
}
```

下面通过一个案例演示如何使用 before 选择器和 after 选择器实现在网页中插入文字。使用 before 选择器和 after 选择器实现在标题内容前加入“新闻标题:”,在后面加入日期。具体代码如下:

```
<!DOCTYPE html>
<html>
<head>
<meta charset="utf-8">
<title>使用 before 选择器和 after 选择器插入文本元素</title>
<style>
h3:before{
content:"新闻标题:";
}
h3:after{
content:"2022.3.18";
font-size:14px;
color:#ccc;
margin-left:10px;
}
</style>
</head>
<body>
<h3>世界上只有一个中国</h3>
</body>
</html>
```

在 Dreamweaver 2021 中运行上述代码,其结果如图 9-1-1 所示。

在上述代码中,我们对 h3 标签添加了 before 选择器和 after 选择器用于插入文字信息,此样式设置对于页面中的所有 h3 标签都起作用,如果需要指定的 h3 元素不应用此样式,那么可以给相应的 before 和 after 选择器中的 content 属性设置值为 none 或者 normal,凡是 content 属性值为 none 或 normal 的标签,其内容显示为空。

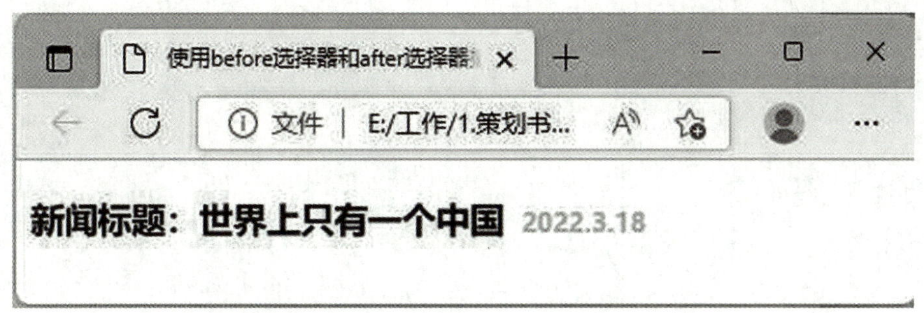

图 9-1-1 使用 before 选择器和 after 选择器插入文字的效果图

9.1.2 插入图像

在使用 before 选择器和 after 选择器时，除了可以使用 content 属性显示文字外，还可以插入图像信息。在 CSS3 中，图像信息的插入同样使用 content 属性，与插入文字信息不同的是，插入图像时需要将 content 属性值设置为图像文件的路径地址。

下面通过一个案例演示如何使用 before 选择器实现在网页中插入图像。使用 before 选择器实现在列表项目前添加项目图标。具体代码如下：

```
<!DOCTYPE html>
<html>
<head>
<meta charset = "utf-8">
<title>使用 before 选择器插入图像</title>
<style>
ul{
list-style: none;
height:24px;
line-height: 24px;
}
ul li a{
color: #333;
text-decoration: none;
}
ul li a:hover{
text-decoration: underline;
}
ul li:before{
```

```
content:url("./dot.png");
padding-right:5px;
}
</style>
</head>
<body>
<ul>
<li><a href="#">3月17日新增本土确诊病例2388例、本土无症状1742例</a></li>
<li><a href="#">全力以赴,坚决打赢抗击新冠肺炎疫情人民战争</a></li>
<li><a href="#">新华社评论员:从严防控尽快遏制疫情扩散蔓延势头</a></li>
<li><a href="#">从严抓好疫情防控工作述评:战"疫"时不我待,坚持就是胜利</a></li>
</ul>
</body>
</html>
```

在 Dreamweaver 2021 中运行上述代码,其结果如图 9-1-2 所示。

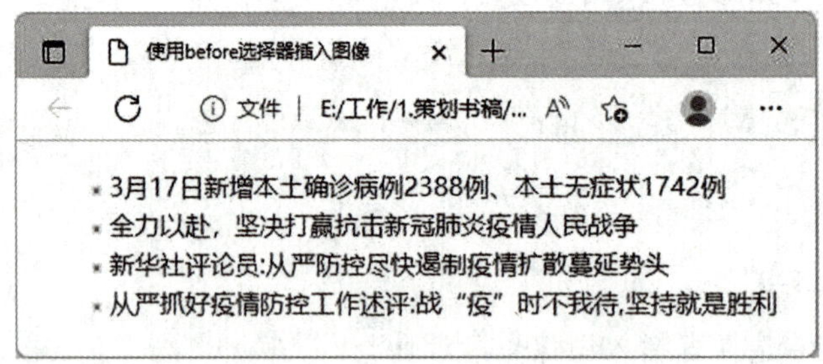

图 9-1-2　使用 before 选择器插入图像的效果图

注意:

上述代码使用 padding-right 属性为插入的图片与文字之间保留 5 像素的留白。

9.1.3 插入项目编号

如果页面中存在多个有序项目,除了使用有序列表实现项目编号外,还可以使用 before 或者 after 选择器,为这些项目添加项目编号。要实现项目编号,需要两个步骤:首先将选择器的 content 属性设置为 counter,其次是为准备插入项目编号的元素添加 counter-increment 样式属性,语法格式如下:

```
元素:before{
content:counter(计数器名称);
}
```

```
元素{
counter-increment:计数器名称;
}
```

在格式中，计数器的命名符合一般命名规则，如果没有为元素添加 counter-increment 属性设置，则所有编号都为 0，请看下面的实例操作。

使用 before 选择器实现在 p 标签元素前添加项目编号，格式为“第×章”。具体代码如下：

```
<!DOCTYPE html>
<html>
<head>
<meta charset="utf-8">
<title>插入项目编号</title>
<style>
p:before{
content:"第"counter(count)"章";
}
p{
counter-increment: count;
}
</style>
</head>
<body>
<h2>目录</h2>
<div>
<p>网页设计与制作基础</p>
<p>网页版面布局和色彩搭配</p>
<p>Dreamweaver 2021</p>
</div>
</body>
</html>
```

在 Dreamweaver 2021 中运行上述代码，其结果如图 9-1-3 所示。

上述代码使用 before 选择器为页面中的所有 p 元素增加了项目编号，其中，content 属性值的设置是为了形成特定的前置项目格式。

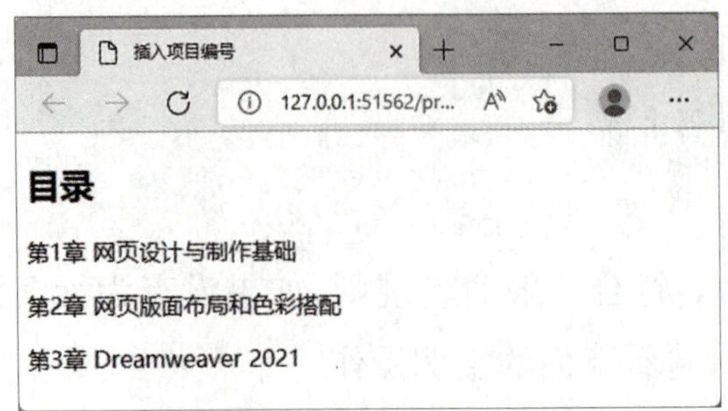

图 9-1-3　使用 before 选择器插入项目编号的效果图

9.2 文本样式控制

在 CSS2 中，可以通过样式的定义设置文字的大小、类型、颜色等属性，而在 CSS3 中增加了多个高级样式，如可以设定文字的阴影、设置文字换行、使用服务器端字体等。接下来将分别介绍 CSS3 的相关高级应用。

9.2.1 为文字增加阴影效果

在 CSS3 中，可以通过设置 text-shadow 属性为页面中的文字内容增加阴影效果，语法格式如下：

```
text-shadow:xpos ypos radius color;
```

其中，xpos 表示阴影与文字的横向距离，ypos 表示阴影与文字的纵向距离，radius 表示阴影的模糊半径，color 表示阴影的颜色。

下面通过案例介绍阴影文字的具体应用。为页面中的 h1 标题设置阴影效果，具体代码如下：

```
<!DOCTYPE html>
<html>
<head>
<meta charset = "utf-8">
<title>文字阴影效果设置</title>
<style>
h1{
text-shadow:5px 5px 5px #999;
}
</style>
```

```
</head>
<body>
<h1>阴影文字效果</h1>
</body>
</html>
```

在 Dreamweaver 2021 中运行上述代码，其结果如图 9-2-1 所示。

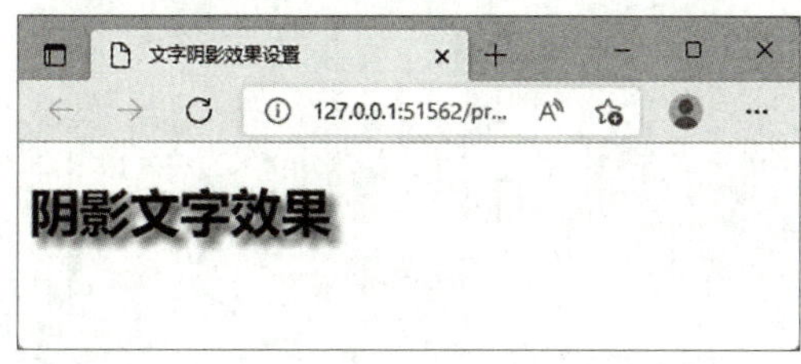

图 9-2-1 阴影文字的具体应用的效果图

通过设置 text-shadow 的属性值可以改变阴影的位置和颜色，同时，如果为 text-shadow 设置多个属性值，可以为文字添加多个阴影效果，多个属性值之间可以使用逗号分开，多个阴影效果设置的代码片段如下：

```
h1{
text-shadow:5px 5px 5px #999,10px 10px 10px #666;
}
```

9.2.2 设置单词及网页自动换行

当我们浏览一些英文类文章的网页时，会注意到浏览器的显示通常会在空格、标点或连字符的位置上自动换行。默认情况下，在显示英文内容时，如果遇到一些长单词或者网址字符串恰好处于行尾且超过浏览器的边界，会通过滚动条的方式显示当前文字。因此，CSS3 提供了 word-wrap 属性，可以设置长单词或网址的自动换行，其使用格式如下：

```
word-wrap:break-word;
```

当在页面中添加 word-wrap 属性后，如果遇到长单词或网址，浏览器会自动截断并将剩余部分信息在下一行进行显示。

下面通过案例介绍设置单词及网页自动换行，为给定的英文文章设置自动换行属性，实现英文内容的自动换行效果，具体代码如下：

```
<!DOCTYPE html>
<html>
<head>
```

```
<meta charset = "utf-8">
<title>设置单词及网页自动换行</title>
<style>
.box{
width:240px;
background-color:#ccc;
border: 1px solid #999;
padding:10px;
}
.wrap{
word-wrap: break-word;
}
</style>
</head>
<body>
<div class = "box">
<p>
如果想要获取更多信息,可以通过访问
http://www.howcanifindthesolutionoftheproblem.com。
</p>
</div>
<br/>
<div class = "box wrap">
<p>
如果想要获取更多信息,可以通过访问
http://www.howcanifindthesolutionoftheproblem.com。
</p>
</div>
</body>
</html>
```

在 Dreamweaver 2021 中运行上述代码,其结果如图 9-2-2 所示。

在上述代码中,通过为 div 添加 wrap 类实现了超过显示区域后自动换行的效果,避免了出现超出显示区域的问题。

图 9-2-2 设置单词及网页自动换行的效果图

9.2.3 使用服务端字体

在 CSS3 出现之前，困扰网页设计师的一个主要问题是如何在网页中实现多样的字体效果，由于在网页中显示的字体效果只有在浏览器所在计算机上安装有相应字体才能正常显示，而安装字体需要一定的专业能力，因此网页设计师只能将一些特殊的字体效果加工成图片进行显示，这种方式增加了制作时间成本且难以维护，并且给网站的搜索引擎优化带来了不便。

CSS3 中增加了使用服务器端字体的功能，通过此功能可以最大限度地保证每个浏览者都能获得一致的用户体验，而不需要下载字体。网页设计师只需在服务器端安装指定字体，则浏览者在任何一台计算机上浏览网页时，都能正确地显示此字体效果。

具体实现时，通常使用@font-face 属性应用服务器端字体，其使用格式如下：

```
@font-face{
font-family:用户自定义字体名;
src:url(字体路径);
}
```

其中，font-family 属性值为用户自定义名称，用户如果需要使用其指定的名称，在字体运用时只需将 font-family 属性设计为此名称，src 属性则指定了服务器端字体文件所在的路径。

除了设置服务器端字体外，还可以通过@font-face 设置使用客户端本地字体，设置方法为将 src 属性设置为 local(字体路径)，当以客户端本地字体为字体类型时，浏览器在加载时会先使用本地字体文件，如果没有找到相应的字体文件，才会使用服务器端字体文件。

下面通过案例演示如何使用服务器端字体。使用服务器端字体实现将页面中的 h4 标签字体设置为方正喵呜体，具体代码如下：

```
<!DOCTYPE html>
<html>
<head>
<meta charset="utf-8">
<title>使用服务器端字体</title>
<style>
@font-face{
font-family: miaowu;
src:url("方正喵呜体.ttf");
}
h4{
font-family: miaowu;
font-size:24px;
}
</style>
</head>
<body>
<h4>这是方正喵呜字体</h4>
</body>
</html>
```

在 Dreamweaver 2021 中运行上述代码，其结果如图 9-2-3 所示。

图 9-2-3　使用服务器端字体后的效果图

9.3 元素变形处理

在 CSS3 中，我们可以通过设置样式实现元素的旋转、缩放、移动等变形效果，变形效果主要是通过 transform 属性实现的。由于 transform 属性对于浏览器的标准支持不全面，因

此对不同的浏览器需要设置不同的前缀，各浏览器的支持情况见表 9-3-1。

表 9-3-1 各浏览器的支持情况

浏览器	使用格式
Firefox	-moz-transform
Chrome	-webkit-transform
Safari	-webkit-transform
Opera	-o-transform

下面分别介绍如何使用 transform 实现变形效果。

9.3.1 缩放效果

使用 transform 属性的 scale 方法指定缩放倍数可以实现元素的缩放效果，其使用格式如下：

```
transform:scale(xrate,yrate);
```

其中，xrate 指水平缩放比例，yrate 指垂直缩放比例。

下面通过案例使用 CSS3 的缩放变形效果实现鼠标指针悬停时导航栏中文本变大的效果，具体代码如下：

```
<!DOCTYPE html>
<html>
<head>
<meta charset="utf-8">
<title>元素缩放效果</title>
<style>
ul{list-style: none;}
ul li{
float:left;
width:120px;
height:24px;
line-height: 24px;
text-align: center;
}
ul li a{color:#333;text-decoration: none;display:block;}
ul li a:hover{
text-decoration: underline;
```

```
font-weight: bold;
transform:scale(1.2,1.2);
-webkit-transform:scale(1.2,1.2);
-moz-transform:scale(1.2,1.2);
-o-transform:scale(1.2,1.2);
}
</style>
</head>
<body>
<ul>
<li><a href="#">网站首页</a></li>
<li><a href="#">公司简介</a></li>
<li><a href="#">产品列表</a></li>
<li><a href="#">人才招聘</a></li>
<li><a href="#">联系我们</a></li>
</ul>
</body>
</html>
```

在 Dreamweaver 2021 中运行上述代码，其结果如图 9-3-1 所示。

图 9-3-1　元素缩放效果图

9.3.2 旋转效果

使用 transform 属性的 rotate 方法指定旋转度数可以实现元素的旋转效果，其使用格式如下：

```
transform:rotate(deg);
```

其中，deg 指顺时针旋转的度数，单位为 deg。

下面通过案例使用 CSS3 的旋转变形效果结合 JavaScript 实现风车旋转效果，具体代码如下：

```
<!DOCTYPE html>
<html>
<head>
  <meta charset="utf-8">
  <title>风车旋转效果</title>
  <script>
  window.onload = function(){
  var deg = 0;
  setInterval(function(){
  deg = deg + 5;
  document.getElementById("fan").style.transform = "rotate(" + deg + "deg)";
  if(deg >= 360) deg = 0;
  },10);
  }
  </script>
</head>
<body>
  <img id="fan" src="fan.png" alt="">
</body>
</html>
```

在 Dreamweaver 2021 中运行上述代码，其结果如图 9-3-2 所示。

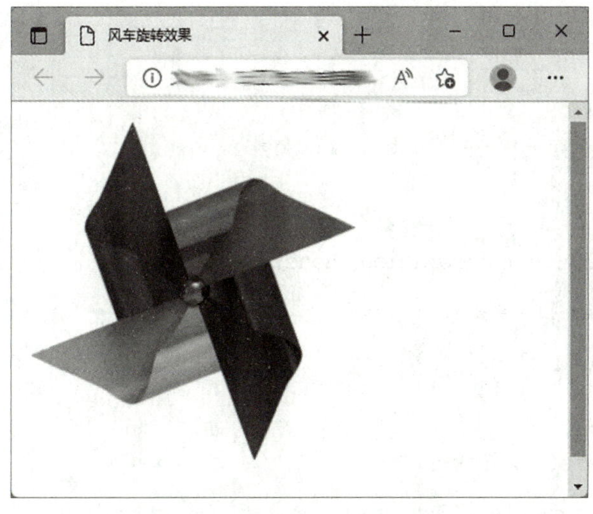

图 9-3-2 风车旋转效果图

注意：

如果使用 Dreamweaver 2021 打开浏览器后风车无法正常旋转，则可以用浏览器直接打开源文件。

9.3.3 移动效果

使用 transform 属性的 translate 方法指定元素水平方向和垂直方向上的移动距离，可以实现文字或图像的移动效果，其使用格式如下：

```
transform:translate(x,y);
```

其中，x 代表在 x 轴方向上的移动距离，y 代表在 y 轴方向上的移动距离。

下面通过案例使用 CSS3 的移动效果实现鼠标指针悬停时导航栏中文本偏移的效果，具体代码如下：

```
<!DOCTYPE html>
<html>
<head>
    <meta charset = "utf-8">
    <title>元素偏移效果</title>
    <style>
    ul{list-style: none;}
    ul li{
    float:left;
    width:120px;
    height:24px;
    line-height: 24px;
    text-align: center;
    }
    ul li a{color:#333;text-decoration: none;display:block;}
    ul li a:hover{
    text-decoration: underline;
    font-weight: bold;
    transform:translate(3px,3px);
    -webkit-transform:translate(3px,3px);
    -moz-transform:translate(3px,3px);
    -o-transform:translate(3px,3px);
```

```
    }
    </style>
</head>
<body>
    <ul>
    <li><a href="#">网站首页</a></li>
    <li><a href="#">公司简介</a></li>
    <li><a href="#">产品列表</a></li>
    <li><a href="#">人才招聘</a></li>
    <li><a href="#">联系我们</a></li>
    </ul>
</body>
</html>
```

在 Dreamweaver 2021 中运行上述代码，其结果如图 9-3-3 所示。

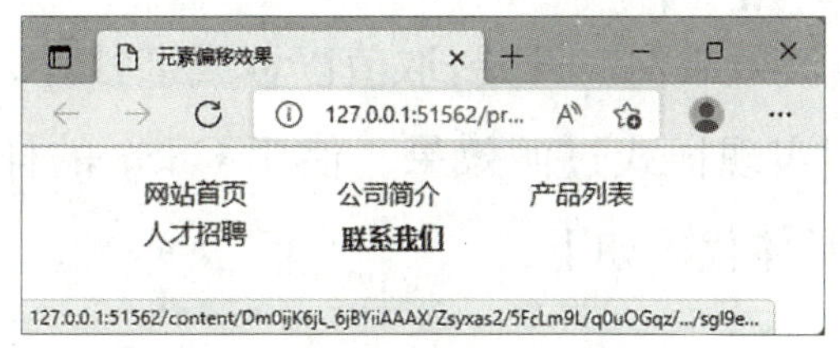

图 9-3-3　元素偏移效果图

9.4 样式过渡

CSS3 提供了样式过渡的效果处理机制，样式过渡是指允许某个元素的一个属性状态从一个值平滑过渡到另一个值，通过这样的样式过渡应用，可以在页面中实现简单的动画效果。CSS3 使用 transition 属性实现样式过渡，语法格式如下：

```
transition:property duration timing-function delay;
```

各参数使用说明如下：

(1)property 属性。规定应用过渡效果的 CSS 属性的名称，当指定的 CSS 属性改变时，过渡效果将开始，注意，过渡效果通常在用户将鼠标指针浮动到元素上时发生，可取的值有如下几种。

①none：没有属性获得过渡效果。

②all:所有属性获得过渡效果。

③property:定义应用过渡效果的 CSS 属性名称列表,列表以逗号分隔。

(2)duration 属性。规定完成过渡效果需要花费的时间,以秒或毫秒计,默认值为 0,即不会有效果。

(3)timing-function 属性。规定过渡效果的速度曲线,该属性允许过渡效果随着时间来改变其速度,可取的值有如下几种。

①linear:规定以相同速度开始至结束的过渡效果,等于 cubic-bezier(0,0,1,1)。

②ease:规定慢速开始,然后变快,最后慢速结束的过渡效果,等于 cubic-bezier(0.25,0.1,0.25,1)。

③ease-in:规定以慢速开始的过渡效果,等于 cubic-bezier(0.42,0,1,1)。

④ease-out:规定以慢速结束的过渡效果,等于 cubic-bezier(0,0,0.58,1)。

⑤ease-in-out:规定以慢速开始和结束的过渡效果,等于 cubic-bezier(0.42,0,0.58,1)。

⑥cubic-bezier(n,n,n,n):在 cubic-bezier 函数中定义自己的值,可能的值是 0 和 1 之间的数值。

(4)delay 属性。规定过渡效果何时开始,取值以秒或毫秒计。

下面通过一个具体案例实现样式过渡效果。使用 CSS3 的样式过渡效果实现鼠标指针悬停时图形宽度渐变效果,具体代码如下:

```
<!DOCTYPE html>
<html>
<head>
    <meta charset = "utf-8">
    <title>样式过渡</title>
    <style>
    .box{
    width:100px;
    height:100px;
    background-color:red;
    transition:width 1s linear;
    }
    .box:hover{
    width:200px;
    }
    </style>
```

```
</head>
<body>
  <div class="box"></div>
</body>
</html>
```

在 Dreamweaver 2021 中运行上述代码，其结果如图 9-4-1 所示。

图 9-4-1 样式过渡效果图

使用 transition 还可以设置多个属性的样式过渡效果，这些属性间需使用逗号隔开。

9.5 animation 复杂动画实现

不同于 transition 过渡动画，animation 复杂动画是使元素从一种样式逐渐变化为另一种样式的效果，可以改变任意次数。在动画的定义过程中，可以使用百分比来规定变化的时间，或者用关键词 from 和 to，这等同于 0%和 100%。其中，0%表示动画的开始，100%表示动画的结束。

在具体的实现过程中，首先需要定义 keyframes 规则，用来描述动画的过程。同时，要想此规则得到运用，需要在所要实现的元素上使用 animation 属性。

1. 定义 keyframes 规则

keyframes 规则用于创建动画，在@keyframes 中规定某项 CSS 样式，就能创建由当前样式逐渐改为新样式的动画效果，语法格式如下：

```
@keyframes animationname{
keyframes-selector{css-styles;}
}
```

keyframes 规则的参数描述见表 9-5-1。

表 9-5-1 keyframes 规则参数说明

参　数	描　述
animationname	定义动画名称，必需
keyframes-selector	必需，动画时长的百分比； 合法的值：0％～100％； from（与 0％相同）； to（与 100％相同）
css-style	必需，一个或多个合法的 CSS 样式属性

下面分别就两种情况进行举例，第一种情况使用 from-to 方式，语法格式如下：

```
@keyframes mymove{
from{top:0px;}
to{top:200px;}
}
```

第二种情况使用百分比方式，语法格式如下：

```
@keyframes mymove{
0%{top:0px;}
25%{top:200px;}
50%{top:100px;}
75%{top:200px;}
100%{top:0px;}
}
```

2. 设置 animation 属性

在定义完 keyframes 规则后，可以在元素中设置 animation 属性应用此动画规则，其语法格式如下：

```
animation:name duration timing-function delay iteration-count direction;
```

animation 属性参数描述见表 9-5-2。

表 9-5-2 animation 属性参数说明

参　数	描　述	值
name	规定需要绑定到选择器的 keyframe 名称	keyframename：选择器名称。 none：无动画效果
duration	规定完成动画所花费的时间，以秒或毫秒计	time：动画所花费的时间，默认为 0，没有动画效果

（续表）

参 数	描 述	值
timing-function	规定动画的速度曲线	linear：均速播放。 ease：低速开始，后加快，在结束前变慢。 ease-in：低速开始。 ease-out：低速结束。 ease-in-out：以低速开始和结束。 cubic-bezier(n,n,n,n)：贝塞尔曲线
delay	规定在动画开始之前的延迟	time：动画开始前等待的时间，单位为秒或者毫秒，默认为零
iteration-count	规定动画应该播放的次数	n：动画播放次数。 infinite：无限次数播放
direction	规定是否应该轮流反向播放动画	normal：动画正常播放。 alternate：动画轮流反向播放

下面通过一个具体案例来介绍 animation 动画的具体应用和实现效果。使用 CSS3 中的 animation 动画实现小球的跌落效果，并能够模拟弹起过程。具体代码如下：

```
<!DOCTYPE html>
<html>
<head>
  <meta charset = "utf-8">
  <title>animation 动画</title>
  <style>
  .desk{
  width:300px;
  height:100px;
  background-color:red;
  position:absolute;
  left:0px;
  top:150px;
  }
  .ball{
  width:50px;
  height:50px;
  border-radius: 50px;
```

```
background-color:green;
position:absolute;
left:125px;
top:0px;
animation:fall 2s linear 0s;
animation-fill-mode:forwards;
}
@keyframes fall{
0%{top:0px;}
50%{top:100px;}
75%{top:75px;}
100%{top:100px;}
}
</style>
</head>
<body>
<div class="ball"></div>
<div class="desk"></div>
</body>
</html>
```

在 Dreamweaver 2021 中运行上述代码,其结果如图 9-5-1 所示。

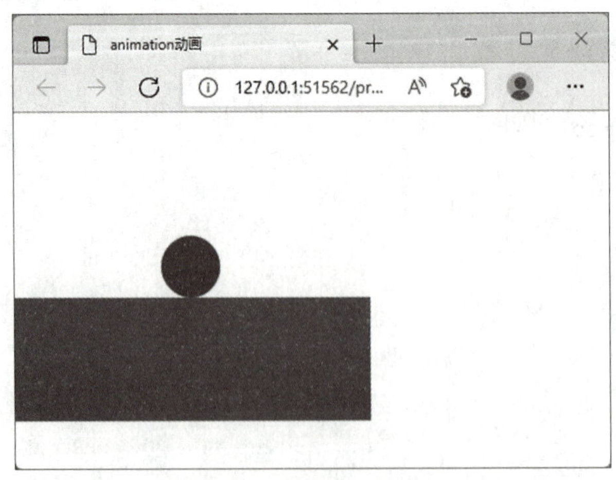

图 9-5-1 animation 动画实现小球的跌落效果图

思政园地

爱岗敬业是社会主义核心价值观中的内容之一。不管是筑就人生美丽梦想还是践行核心价值观，既不是虚无缥缈的，也不是高不可攀的，“成功之源”就根植在你我他的职业道德里、情感良心中。表面上，爱岗敬业是利他的；实际上，爱岗敬业是利己的。换言之，它是满足社会需求与实现个人价值的有机统一。

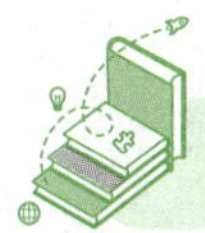

习题

一、选择题

1. 若想要使用 CSS3 语法在元素的前面添加内容，则可以选择(　　)选择器。

A. :before　　B. :after　　C. :pre　　D. :last

2. 在 CSS3 中，通常使用(　　)属性设置文字的阴影效果。

A. shadow　　B. box-shadow　　C. font-shadow　　D. text-shadow

3. 与 CSS2 中只能将特殊字体制作成图片显示不同，CSS3 中可以使用服务器端字体显示特殊字体，具体是通过(　　)属性实现的。

A. font-family　　B. font-style　　C. @font-face　　D. font-face

4. (　　)不是 transform 的方法。

A. translate　　B. fade　　C. skew　　D. rotate

5. 为了使 animation 动画执行结束后停在原地，而不是回到初始位置，可以将其 animation-fill-mode 属性值设置为(　　)。

A. forwards　　B. stop　　C. pause　　D. backwards

二、填空题

1. 在文字排版过程中，系统默认会将超过显示的内容换行，可以通过将__________属性设置成__________值实现文字自动换行功能。

2. 如果想使用 CSS3 将某一个元素缩小一半，则可以使用的样式为__________。

3. CSS3 对不同的浏览器兼容性有较大的区别，其中在__________浏览器中支持度较差。

4. transform 属性用以实现元素的变形处理，其中__________方法可以实现元素的缩放效果，__________方法可以实现元素的旋转效果。

5. CSS3 可以实现基本的动画效果，使用__________来定义动画规则，使用__________来实现所定义的动画规则。

三、简答题

1. 简述服务器端字体使用的优点及其使用场景。

2. 简述在 CSS3 中如何实现 animation 复杂动画效果。

四、操作题

在网上搜索若干张图片,制作照片墙效果,要求如下。

(1)自定义照片墙中每张图片的尺寸,建议图片的宽度不超过 120 px。

(2)自定义图片的放置位置和角度,应有错落有致的效果。

(3)利用 CSS3 变形、过渡或动画中的一种或多种方法实现动画效果。

参考文献 References

[1] 李强. HTML5 网页设计[M]. 北京:北京邮电大学出版社,2019.
[2] 杨文阳. HTML5 网页设计与制作[M]. 北京:北京希望电子出版社,2020.
[3] 赵丰年. 网页设计与制作 HTML5+CSS3+JavaScript:微课版[M]. 4 版. 北京:人民邮电出版社,2020.
[4] 刘欢. HTML5 基础知识、核心技术与前沿案例[M]. 北京:人民邮电出版社,2016.
[5] 传智播客高教产品研发部. HTML5+CSS3 网站设计基础教程[M]. 北京:人民邮电出版社,2016.
[6] 聂常红,刘伟. 前端 HTML+CSS 修炼之道:视频同步+直播[M]. 北京:人民邮电出版社,2017.